AF362803

Pero... ¿tiene arreglo?

10 años de reflexiones sobre sostenibilidad

Productor de Sostenibilidad 2007 - 2017

Alberto Vizcaíno López

Primera edición: septiembre de 2017
Corrección de erratas 01/12/2017 (gracias Pilar)
Corrección de erratas 04/02/2018 (gracias Laura)

Autor: Alberto Vizcaíno López @alvizlo
             www.productordesostenibilidad.com

Prólogo: Santiago Molina Cruzate   @molcru
Epílogo: Alejandro Maceira Rozados @amaceira

Diseño cubierta: José Márquez   @kuchepo

ISBN: 978-84-697-5700-0

A Mario y Carlos

Habéis dado significado a esa parte
de la definición de desarrollo sostenible
que habla de generaciones futuras.

Espero estar a la altura.

Contenido

Prólogo 7

Introducción 11

Cambio global 15

Energía 35

Consumo sostenible 55

Alimentación ecológica 113

Residuos 143

Empresa responsable 211

En bici al curro 231

Legislación y normalización 241

Información y medio ambiente 265

Señales para la esperanza 291

Epílogo 317

Agradecimientos 321

El Autor 323

Prólogo

Santiago Molina Cruzate

Cuando a principios de 2011 comenzamos a imaginar cómo debía organizarse el curso de Redes Sociales y Medio Ambiente no tuvimos la más mínima duda de que debíamos trasladar al Sr. Vizcaíno la dirección y coordinación de los contenidos orientados a blogs si queríamos ofrecer recursos y conocimientos de verdad útiles para el destinatario. Nuestra intención con aquel programa formativo, que no sólo fue pionero en nuestro sector sino que se consolidó durante años como uno de los más demandados y mejor valorados de todos los promovidos desde el Instituto Superior del Medio Ambiente, era conocer las principales herramientas en relación al entonces incipiente universo social media e integrarlas en una estructura común que permitiera al participante apostar por el desarrollo de su propia estrategia. Redes Sociales y Medio Ambiente congregó en torno a su programa toda una comunidad de profesionales activos e inquietos con quienes años después nos seguimos cruzando en un enriquecedor modelo donde los otrora alumnos son hoy proveedores, colaboradores y, por qué no decirlo, buenos amigos. Creo que no exagero si digo que la base de aquel éxito y el vértice de todo lo que allí hicimos nació en las publicaciones periódicas del autor de este libro y de la admiración que despertaba ya entonces en el resto de docentes esa ingente capacidad para crear relatos y poner en duda y contexto datos que antes recibíamos y asumíamos como axiomas inquebrantables. Axiomas que, como bien nos ha mostrado Productor de Sostenibilidad en multitud de ocasiones, resultaron a menudo ser cuanto menos escasamente rigurosos.

"Tu actividad en redes, tus acciones y tus contenidos tienen que responder a un fin y lo primero debe ser marcar tus objetivos", solía repetir. Desconozco cuáles eran los objetivos o la motivación del autor cuando comenzó a volcar reflexiones e ideas en su blog, pero tengo muy claros cuáles han sido los resultados. Alberto se ha consolidado como un creador de opinión, un analista y un experto en el difícil arte de contrastar la verdad con datos y argumentos. Ha discutido hasta la saciedad con profesionales y colectivos de diversa índole y nos ha ayudado durante estos diez años a poner un poco de luz en asuntos que, sin sus observaciones, no nos permitirían tener una foto completa del problema. Ha aportado experiencia, conocimiento y una excepcional capacidad de análisis desgranando la actualidad en un tono a menudo beligerante e incisivo pero siempre riguroso, certero y transparente.

La realidad es que nuestro sector adolece de la existencia de canales alternativos, diversidad de opiniones y, sobre todo, de profesionales rigurosos dispuestos a exponerse de forma altruista y desinteresada. Necesitamos expertos con conocimiento y voluntad para desmenuzar estudios y contrastar datos y puntos de vista. No sólo porque nos ayuda a valorar otros enfoques sino porque su mera existencia supone una barrera a la desinformación y obliga a unos y otros a ser especialmente prudentes con el trabajo que hacemos y divulgamos, cautelosos en definitiva ante la posibilidad de que nuestra credibilidad sea cuestionada tras la valoración de terceros. Eso el Sr. Vizcaíno lo hace como nadie y buena prueba de ello es este libro que tengo hoy el honor de prologar y que reúne el trabajo de años de análisis, muchas horas de reflexión y, presiento, numerosas frustraciones y sinsabores.

Yo, que llevo tiempo siguiendo su actividad y que en no pocas ocasiones he ejercido de mediador entre el autor y algunos lectores no especialmente satisfechos con las opiniones vertidas, no puedo más que invitar a la reflexión y lectura sosegada de este libro, compendio genial de contenidos de un blog que confío podamos disfrutar durante muchísimos años más.

Introducción

Pero… ¿tiene arreglo? Me encantaría escribir un manual de recetas para resolver los grandes problemas de la humanidad, una guía con la que pudiésemos alcanzar un modelo de desarrollo sostenible. Pero me falta mucho por aprender.

¿Existe el cambio climático? ¿Dónde tiramos unos zapatos viejos? ¿Quién debería pagar las emisiones de los vehículos diésel? ¿Puedes hacerte rico recogiendo los tapones de todo el vecindario? ¿Por qué no prohibimos las pinzas de plástico? ¿Es más ecológico beber agua del grifo? Son algunas de las preguntas a las que encontrarás respuesta en las siguientes páginas.

En 2007 empecé a escribir el blog Productor de Sostenibilidad. Un medio de expresión donde plasmo inquietudes sobre medio ambiente y sostenibilidad, últimamente agrupadas en categorías tan apasionantes como legislación ambiental, gestión de residuos, empresa responsable y consumo sostenible.

Con este libro pretendo poner en orden esas reflexiones y compartirlas contigo para que, quién sabe, me ayudes a encontrar la forma de arreglar el mundo… suponiendo que tenga arreglo o que queramos arreglarlo. Porque quizá lo que toca es adaptarse a una nueva normalidad.

Como el blog, este libro recopila contenidos que pueden ser de interés para distintos perfiles y en distintas situaciones, desde consumidores que buscan información para hacer una compra más sostenible, a políticos que tienen miedo de preguntar sobre cuestiones ambientales en las que se les supone capacidad para la toma de decisiones -pero sobre las que no tienen mucha idea-.

Pero no es sólo una lectura introductoria a la cuestión de la sostenibilidad. Como consultor ambiental he entrado en algunas de las inquietudes que me han surgido en el desarrollo de mi actividad profesional, por lo que también puede servir de terapia de grupo para técnicos de medio ambiente incomprendidos.

Incluso, si no eres un profesional del medio ambiente, puede que cuando termines de leerlo te animes a acercarte al responsable de gestión ambiental de tu empresa -esa persona que almuerza sola en una esquina de la cafetería- y darle un poco de conversación.

Porque el objetivo final de este libro es, precisamente ese, animar la conversación en cuestiones relacionadas con el desarrollo sostenible sobre las que el común de los mortales tenemos poca o muy poca información, casi siempre sesgada y, en muchas ocasiones, dirigida desde las campañas publicitarias de corporaciones multinacionales cuyo objetivo es hacernos consumir cada vez más sin que nos preocupemos de las consecuencias.

Así, en las siguientes páginas encontrarás información suficiente para diversificar la temática de las conversaciones de ascensor, nuevos argumentos para los debates en la peluquería, diversos enfoques con los que empatizar, o todo lo contrario, con ese pasajero que llevas en el taxi y está especialmente sensibilizado con la problemática de los envases de usar y tirar.

He tratado de seleccionar los contenidos más interesantes, darles una redacción adecuada para este soporte y organizarlos de una forma coherente.

Espero que la mezcla resulte en una recopilación de píldoras que, juntas, cuenten una historia sobre la situación de crisis ambiental, social y económica que vivimos y posibles pautas para avanzar en modelos de desarrollo y consumo más sostenibles.

Cada relato es independiente y puede ser útil por sí mismo, por lo que no hace falta que leas el libro todo seguido. Puedes tenerlo como herramienta de consulta y sacarlo para rebatir al cuñado cuando se arme de razones para defender su postura sobre la energía nuclear en la próxima cena familiar.

A lo largo del texto encontrarás muchas preguntas que quizá no tengan sentido en un soporte unidireccional como el que tienes delante. Y es que, a pesar de la adaptación de los contenidos del blog al formato libro, he mantenido el título de la entrada donde las publiqué en su día por si te apetece visitar el texto original, comentarlo y ayudarme a construir soluciones para hacer de este un mundo mejor.

Por cierto, no he traído aquí todo el contenido de blog, 10 años dan para mucho… si te animas y quieres saber más sobre alguno de los temas que se tratan en este libro puedes visitar www.productordesostenibilidad.es. Ahora que ya sabes de qué va es un buen momento para empezar a seguirlo.

Cambio global

"No se puede pasar un solo día sin tener un impacto en el mundo que nos rodea. Lo que hacemos marca la diferencia, y tenemos que decidir qué tipo de diferencia queremos hacer"

Jane Goodall

Pero... ¿tiene arreglo?

Desde hace unos años somos conscientes de que afrontamos una crisis social, económica y ambiental. ¿Tiene arreglo? Pues me gustaría pensar que sí. Pero quizá sería oportuno plantearse cómo será la vida después del crecimiento y qué tenemos que hacer para adaptarnos.

Las preguntas pueden ir en esta línea **¿Es posible volver a la normalidad?** ¿Qué pasa si la economía normal de finales del siglo veinte, de aparentemente crecimiento infinito estaba anclada en una serie de condiciones que no se pueden perpetuar?

Tal vez la "normalidad" se ha disipado y ha sido sustituida por una "nueva normalidad". Richard Heinberg[1] propone que estamos en una transición desde una fase expansiva de la economía a una **situación posterior al crecimiento**. Un proceso análogo al de una planta adulta o un ecosistema maduro, donde se establecen unas **condiciones de equilibrio que mantienen cierta estabilidad,** en detrimento del crecimiento acelerado y la productividad de las etapas anteriores. Lo expresa con cuatro ideas:

- Hemos llegado **al final del crecimiento tal y como lo conocíamos**: la crisis posiblemente marca una ruptura con las últimas décadas, durante las que se adoptó la visión poco realista, de un crecimiento económico perpetuo necesario y posible. Hay límites incuestionables a ese crecimiento y los hemos encontrado.

- **Conocimiento de los factores básicos que conformarán lo que venga a sustituir el crecimiento**: aunque no sepamos qué economía y modo de vida serían deseables después del crecimiento, sabemos que se puede empezar a trabajar para mantener la sociedad en los márgenes de la sostenibilidad.

- **La economía puede funcionar** durante siglos y milenios **con escaso o nulo crecimiento**: así fue durante la mayor parte de la historia y podrá ser en el futuro. El fin del crecimiento no significa el fin del mundo.

- **La vida sin crecimiento económico puede ser plena, interesante y segura**: es importante no perder de vista que una economía sin crecimiento o en equilibrio sigue permitiendo el desarrollo de habilidades prácticas, la expresión artística, el avance de la tecnología... Se trata de redefinir objetivos: sustituir *más* por *mejor*. Aumentar la calidad de vida de las personas reduciendo su consumo. ¿Por qué no redefinir el mismo concepto de crecimiento?

Richard Heinberg afirma que la transición a un sistema posterior al crecimiento económico experimentado en las últimas décadas es inevitable. Y que está en nuestra mano idear y planificar ese nuevo modelo.

En este punto me planteo, ¿tiene arreglo? ¿Queremos arreglar el modelo que nos ha traído hasta esta crisis? **¿Por qué no aprovechar para cambiarlo?** Quizá sea el momento de concentrar nuestro esfuerzo en construir un futuro diferente, no deberíamos pararnos a escuchar cantos de sirena ni volver la mirada atrás.

Siete millardos ¡qué de cuantos!

Según las estadísticas, la población mundial ha superado los siete mil millones de habitantes (o, abreviando, siete millardos). Si bien no se puede saber exactamente cuántos habitantes hay en el planeta, ni cuando se alcanzó o se alcanzará una cifra concreta de población, la gracia reside en el valor simbólico de asignar una fecha para el nacimiento de una persona a la que se la consideró el ciudadano 7.000.000.000 y su capacidad didáctica.

Alrededor de la efeméride, distintas instituciones nos invitan a reflexionar sobre las implicaciones sociales, económicas y ambientales del crecimiento de la población mundial, así como de la velocidad con la que se está produciendo este crecimiento: se considera que hasta el año 1800 no se alcanzó el primer millardo de habitantes y que se tardó algo más de un siglo (alrededor de 1927) en duplicar esta cifra. El ritmo ha continuado acelerándose y los últimos mil millones de habitantes se han sumado en poco más de una década (de 1999 a 2011).

Pero... ¿Puede nuestro planeta soportar este ritmo de crecimiento? ¿Cuántos habitantes caben en La Tierra? La pregunta inquieta y las respuestas más.

Básicamente es una cuestión de reparto. ¿Qué superficie del planeta se necesita para satisfacer mis necesidades, cubrir mis caprichos y asimilar los impactos que genera mi forma de vida? **Las decisiones de cada uno de esos siete mil millones de personas condicionan cómo vive el resto y la capacidad de los próximos que vengan de vivir como nosotros lo hacemos.**

Urge más que nunca reflexionar sobre la forma en la que satisfacemos nuestras necesidades, los procesos de toma de decisiones, el modelo de desarrollo... ¿queremos que el planeta soporte otros 7 mil millones de habitantes?

El infierno existe y no es sostenible

En **mi religión**, esa en la que **la sucesión ecológica es el único dios y la biodiversidad es su profeta**, el infierno existe. No hay un acuerdo muy claro sobre cómo es, ya que distintos predicadores lo describen de maneras diferentes, pero todos están de acuerdo en que, de alguna forma, el infierno es inhóspito y homogéneo.

Para algunos se trata de desierto de arena con temperaturas abrasadoras. **Para otros es un gélido**

manto de hielo. Algunas versiones hablan de un continuo de asfalto - hormigón que tapiza toda la superficie.

Tampoco está claro el modo en el que se alcanza este indeseable destino. Hay una serie de pecados que, inevitablemente, llevarán antes o después a toda la humanidad a sufrir los rigores de alguna forma de infierno, pero no todos los predicadores consideran como capitales los mismos pecados.

Es más, para diferentes gurús, el mismo camino puede llevar a dos infiernos distintos. Por ejemplo, la emisión de gases de efecto invernadero lo mismo puede llevarnos a un infierno helado que a uno abrasador. Incluso algunos predican que no hay salvación, que el destino, independientemente del comportamiento de las personas, está escrito en las estrellas y no hay forma de librarnos de él.

Que el infierno existe, independientemente de todo lo anterior, es algo cierto. Y se puede comprobar todos los días. **Hay demonios que vienen de él y se infiltran entre nosotros.** Su objetivo es hacernos olvidar que existe el infierno a la vez que nos arrastran allí.

Afortunadamente, identificarlos es fácil, sobre todo cuando se reúnen: **dan lugar a encuentros en los que todo el mundo está de acuerdo, no existen discrepancias y se admiten sus propuestas sin discusión.** Todo lo contrario a lo que cabría esperar si actuase la diversidad.

El problema es que estos demonios, poco a poco, utilizan su influencia para extender el infierno entre nosotros. Aplicando técnicas perversas, convierten a las personas de buena voluntad y las hacen participar en sus ritos. Desvirtúan el mensaje de la sucesión ecológica y hacen que, poco a poco el horrible y temido destino se convierta en nuestra realidad cotidiana.

¿Cambio climático? Emisiones de gases de efecto invernadero

Por mi formación, trayectoria profesional e inquietudes personales, **con frecuencia me veo debatiendo sobre el cambio climático.** Un debate que para muchos no existe, entre otras cosas porque **el clima es una realidad cambiante por definición,** así que no merece la pena perder el tiempo en algo que no admite discusión.

Otras veces la conversación se centra en el sentido del cambio, si la evolución global tiende hacia un calentamiento o hacia un enfriamiento... o si las personas tenemos algo que ver en el proceso.

Se trata de un debate perverso en el que las posiciones no dependen tanto de la evidencia científica como del posicionamiento político o la modernidad de la pose que el interlocutor quiera adoptar. También está sesgado por la escala espacial y temporal con la que juguemos.

Y lo más grave de todo: el sistema climático es tan complejo y difícil de entender que cualquier aproximación medianamente seria al asunto requiere una dedicación que pocas veces se consigue en un debate de cafetería, una tertulia de televisión, o en la obligada charla de sensibilización ambiental en un curso de formación ocupacional.

Cuando tengas ocasión de hablar sobre este particular te recomiendo que **saques del discurso el cambio climático y hables de las emisiones de gases de efecto invernadero.**

Difícilmente podemos cuestionar la vinculación existente entre las actividades humanas y el aumento de la concentración de CO_2 y otros gases con distinto potencial de calentamiento global. Y es relativamente fácil ilustrar cómo la revolución industrial aceleró ciclos biogeoquímicos liberando a la atmósfera, a través de la combustión, el CO_2 que estaba retenido en la corteza terrestre en forma de reserva fósil.

Tampoco es complicado entender que la disponibilidad de carbón y el petróleo es limitada, por lo que su despilfarro conducirá a la disminución de sus reservas y esto complicará nuestra forma de vida, totalmente dependiente del oro negro: tanto como materia prima para gran cantidad de productos, como para la generación de energía (monetariamente hablando) barata.

Con este escenario, empieza a dibujarse como bastante ridícula la postura que pretende eximir a las personas o sus actividades económicas su responsabilidad en el drama que supone, para el planeta y el futuro de nuestra especie, quemar petróleo para mantener un nivel de consumo descontrolado de productos diseñados para ser reemplazados lo antes posible.

Con independencia del devenir de las manchas solares, o las dudas sobre el comportamiento no lineal de las variables de la atmósfera, un ser humano debería ser capaz de tomar decisiones racionales en lugar de ocultar la cabeza bajo argumentos autocomplacientes.

Pero, qué duda cabe, es más divertido discutir por discutir ¿qué opinas del cambio climático?

¿Cómo andará la circulación termohalina?

En invierno, cuando las nevadas y los fríos invitan a pensar que las cumbres internacionales sobre el clima son un paripé para que los políticos y los ecologistas pasen unos días entretenidos montando un circo mediático, me acuerdo del documental "La corriente del Golfo y la nueva glaciación"[2].

La corriente del Golfo y la circulación termohalina juegan un papel importante en la distribución de temperaturas que actualmente disfrutamos en el planeta. Entre otras cuestiones, permiten que en Europa tengamos, a la misma latitud, inviernos mucho más suaves de las que disfrutan en el norte del continente americano.

Los factores que influyen en las corrientes y dinámica oceánica son muchos, variados y con relaciones complejas. Pero parece ser que el calentamiento global y la disminución de la salinidad oceánica asociada al deshielo de las grandes masas de hielo pueden alterar sensiblemente, durante el siglo que vivimos, la trayectoria de las corrientes oceánicas y, con ellas, la distribución de temperaturas en el planeta.

Pese a los negacionistas del cambio climático y sus argumentos, parece que estamos afectando nuestro clima de manera irreversible. Lo malo es que no sabemos calcular ni la magnitud de los impactos, ni cuándo o cómo se manifestarán. Por eso, cuando veo las imágenes sensacionalistas de nevadas poco comunes emitidas en los *infoxicativos* de televisión, lejos de tranquilizarme pensando que son una prueba de que el cambio climático es un cuento chino, me asalta la inquietud: ¿estoy preparado para asumir los efectos de un inminente cambio global?

Agua por encima de nuestras posibilidades

Quien más, quien menos, en algún momento de nuestra formación todos hemos estudiado el ciclo del agua. Ese que hace de ésta un recurso renovable. O eso tenemos implantado en el imaginario colectivo. Todos los ríos van a parar al mar, pero el mar nunca se llena. El sol evapora el agua que la atmósfera transporta hasta que se concentra en nubes que la devuelven en forma de precipitaciones.

Pero en los últimos tiempos estamos viendo que no es suficiente. **La velocidad a la que consumimos y contaminamos el agua la convierte en un recurso cada vez más escaso.** Y el agua que retorna a la atmósfera va dejando en el océano todo aquello que la acompañó en su viaje. Es algo en lo que deberíamos pensar todos los días, pero que no podemos olvidar si pensamos en las vinculaciones del agua y la sostenibilidad.

Si **el desarrollo sostenible es la capacidad de satisfacer las necesidades de las generaciones presentes sin comprometer la capacidad de las generaciones futuras de satisfacer sus propias necesidades** tenemos que plantearnos muchas cosas.

La generación presente en nuestro entorno económico tiene que pensar seriamente qué necesidades quiere satisfacer para permitir a otras generaciones presentes en el plantea, así como a las generaciones futuras, seguir satisfaciendo sus necesidades relacionadas con el agua.

El uso irresponsable del agua, esa maravillosa molécula cuyas propiedades físico químicas hacen posible la vida tal y como la conocemos, hipoteca las posibilidades de satisfacer las necesidades de las generaciones presentes y futuras.

Su capacidad como disolvente universal nos ha invitado a utilizar el agua para deshacernos de todo tipo de contaminantes, desde los restos biológicos de nuestro día a día a productos químicos que poco a poco van pasando a formar parte de listas de sustancias prohibidas. El agua los arrastra cañería abajo, los hace pasar por depuradoras, los lleva a nuestros ecosistemas acuáticos, suelos y aguas subterráneas.

Hacemos un uso insostenible del agua y las señales están por todas partes. Una clara son los avisos de la Unión Europea a España o Grecia, dos países que, al menos, tienen en común que no están depurando sus aguas residuales urbanas conforme a los criterios de la *Directiva 91/271/CEE del Consejo, de 21 de mayo de 1991, relativa al tratamiento de las* *aguas residuales urbanas*. En este sentido el problema no es sólo el incumplimiento legal, también el hecho de que la directiva que no cumplimos ni siquiera contempla algunos de los retos actuales de los vertidos urbanos.

Superado el problema higiénico - sanitario de la contaminación fecal, la carga orgánica o la presencia de nitrógeno en las aguas residuales urbanas, **el modo de vida de las ciudades aporta cada vez más y mejores contaminantes**. En este capítulo encontramos desde sustancias estupefacientes a todo tipo de moduladores endocrinos de efecto hormonal.

La falta de previsión al respecto hace que estos contaminantes salgan de nuestras ciudades a nuestros ríos, donde los hemos detectado por su capacidad de alterar la reproducción de nuestros peces. Quizá **el auge de los contaminantes emergentes es un aviso que nos indica que deberíamos plantearnos una aplicación más estricta del principio de cautela**. ¿Podemos soltar por nuestras cañerías sustancias que no sabemos depurar?

El tiempo se nos agota. En su viaje de vuelta al mar el agua va dejando cantidades de contaminantes que se acumulan en los ecosistemas. Aun cuando consiguiésemos depurar todos nuestros vertidos hasta valores seguros tenemos un legado de contaminación acumulado en las cadenas tróficas de todo el planeta. Así, comer según qué tipo de pescado parece ser una amenaza a la salud.

Y los vertidos directos tampoco son la única amenaza para el agua. Una sociedad acostumbrada al consumo intensivo de tecnología de usar y tirar genera presiones insostenibles sobre los recursos minerales.

La tala indiscriminada y la minería ilegal ponen en riesgo la disponibilidad de agua potable en las zonas del planeta que nos abastecen de materias primas baratas para fabricar dispositivos de precio asequible que, a su vez, contaminarán el agua donde la industria informal de la recuperación de materiales extrae esos recursos que nosotros llamamos residuos.

Nuestros dispositivos electrónicos generan sed y liberan contaminantes que acaban en los peces con los que alimentan a nuestros hijos en el comedor del colegio.

La alimentación sólo es posible si disponemos de suelo fértil y agua suficiente para cultivar las especies vegetales que están en la base de nuestra dieta.

Y pese a los avisos en forma de inundaciones que nos alertan de la necesidad de dejar de ocupar los valles fluviales con infraestructuras, industria o viviendas, **seguimos empeñados en creernos capaces de dominar los procesos no lineales que rigen el comportamiento de los cauces y caudales de agua.** Como si construir una tubería fuese a resolver un problema de mala planificación o no tuviésemos malas experiencias relacionadas con el embalse de agua.

Con los mejores terrenos de cultivo sepultados bajo el asfalto de autopistas y ciudades nos hemos visto agotando reservas subterráneas y salinizado acuíferos costeros para cultivar alimentos sin suelo y bajo plástico.

Ese plástico al que le damos las más variadas aplicaciones de usar y tirar, generando cantidades ingentes de un residuo que acaba degradándose en los más diversos lugares del planeta, contaminando todos ecosistemas oceánicos y costeros.

El agua es víctima de nuestro modelo de consumo. No se trata sólo de garantizar un volumen mínimo diario de agua potable a nuestros vecinos. Se trata de evitar que el mercurio de la extracción de oro en Perú hipoteque la salud de todas las personas que viven aguas abajo de las explotaciones que nos proveen de este material. Incluidos los consumidores de atún. O de prevenir que los metales pesados de nuestros dispositivos móviles acaben en los filetes de panga que recorre el planeta hasta llegar a nuestra mesa.

Un gesto tan sencillo como sustituir las botellas de plástico de todos los usos en los que nos sea posible, previniendo la generación de residuos de envases y creando hábito de reutilización, puede ayudarnos a consumir el agua de un modo más sostenible. Y a prevenir la generación de microplásticos que acabarán en nuestras playas y en las cadenas tróficas.

Quizá es hora de concienciarnos y enseñar a nuestros hijos que **renovable y abundante no quiere decir que podamos despilfarrarlo o dejar de prestarle atención**. Un gesto tan sencillo como llenar un vaso de agua tiene importantes consecuencias. Y no podemos ignorarlas si queremos avanzar en un modelo de desarrollo sostenible.

El dióxido de carbono contamina y mata

El dióxido de carbono (CO_2) es una molécula compuesta por un átomo de carbono y dos átomos de oxígeno. Está presente en la atmósfera de forma natural. Su concentración ha variado a lo largo de la historia geológica de la Tierra. Como gas de efecto invernadero, juega un papel clave en la temperatura media del planeta: si no hubiese CO_2 no disfrutaríamos de la temperatura que requiere la vida tal y como la conocemos. Pero, por ese mismo motivo, las variaciones en la concentración de CO_2 presente en la atmósfera están relacionadas con variaciones climáticas.

En nuestra atmósfera la molécula de dióxido de carbono está presente en forma gaseosa y en una concentración muy inferior a las 5.000 partes por millón (ppm) recogidas como valor límite de exposición profesional para agentes químicos: unas 400 ppm que -a pesar de su constante aumento- no nos impiden respirar con normalidad y sin miedo a asfixiarnos por este compuesto.

Ahora bien, si acudimos a la *Ley 34/2007, de 15 de noviembre, de calidad del aire y protección de la atmósfera*, encontramos la siguiente definición:

Contaminación atmosférica: La presencia en la atmósfera de materias, sustancias o formas de energía que impliquen molestia grave, riesgo o daño para la seguridad o la salud de las personas, el medio ambiente y demás bienes de cualquier naturaleza.

Y en su Anexo I, que recoge la *"Relación de contaminantes atmosféricos"*, encontramos la entrada *"Óxidos de carbono"*. Así pues, el dióxido de carbono es, con todas las de la ley, un contaminante atmosférico.

Si no estuviese en el citado anexo tendríamos que volver a la definición. Y, quizá con algo de polémica, lo que es seguro es que podríamos encajar al dióxido de carbono como materia o como sustancia. Luego, la cuestión es ¿implica el CO_2 *"molestia grave, riesgo o daño para la seguridad o la salud de las personas, el medio ambiente y demás bienes de cualquier naturaleza"*?

No lo veo, no lo huelo, entra y sale de mis pulmones. Las mitocondrias de mis células lo producen y mi sangre lo transporta sin mayores problemas... Salvo que esté en tal concentración que impidiese el intercambio gaseoso, en principio, no afecta a mi salud. De todos modos sí es capaz de causar molestias graves, riesgos y daños para la seguridad y la salud de las personas.

¿Cómo? Con su capacidad de intensificar el efecto invernadero. La alteración en la temperatura media del planeta por una creciente concentración de dióxido de carbono -y otros gases de efecto invernadero- en la atmósfera es uno de los principales retos que afronta la humanidad.

El cambio en la temperatura puede afectar a la dinámica oceánica, la distribución de especies animales y vegetales, la disponibilidad de agua... Podemos ponernos puristas y decir que el CO_2 no mata a nadie, que no es un contaminante que afecte a la salud. Claro, si lo ponemos al lado de los óxidos de nitrógeno y sus efectos directos sobre la salud, el CO_2 no parece tan preocupante.

Pero **no podemos pervertir el lenguaje para ocultar los riesgos y amenazas de los gases de efecto invernadero**:

- Naciones Unidas cifra el número de migrantes por causas ecológicas en 200 millones en el año 2050[3].

- Entre 2030 y 2050 el cambio climático causará unas 250.000 defunciones adicionales cada año, debido a la malnutrición, el paludismo, la diarrea y el estrés calórico[4].

- El aumento de los desastres relacionados con el cambio climático es una amenaza creciente para la seguridad alimentaria[5].

Quizá esto pudiera parecernos algo lejano, pero tenemos la guerra en Siria y sus refugiados[6] para ilustrarnos lo que está ocurriendo por andarnos con remilgos a la hora de hablar de las emisiones de efecto invernadero y sus consecuencias. Quizá nos preocupe más cuando el aumento de la concentración de CO_2 nos traiga a casa vectores de transmisión del virus zika[7].

Sí, al dióxido de carbono hay que sumarle más gases y otros factores que no pueden ser controlados por el ser humano.

Pero creo que si el objetivo es concienciar y tomar medidas para mitigar las consecuencias del aumento de emisiones antropogénicas de efecto invernadero y sus consecuencias, **podemos permitirnos el lujo de referirnos al CO_2 como contaminante**. Con permiso de los negacionistas y sus intereses económicos, claro está.

El día después del Día de la Tierra

Cada año celebramos el Día Internacional de la Madre Tierra[8]. Le dedicamos un rato a participar en las actividades propuestas para recordarnos la importancia de cuidar el planeta, lo pasamos bien en las fiestas de las facultades de Ciencias Ambientales, hacemos algún sarao corporativo con árboles que se secarán en las próximas semanas y nos dejamos un pico en una bonita campaña de greenwashing. Y ahora ¿qué? ¿Cuál es la próxima cita? Habrá que pensar en el anuncio del año que viene, o algo...

Afortunadamente cada vez son más las empresas que se toman en serio su responsabilidad con el medio ambiente. En vez de regalarnos una chuchería con la que conseguir una complacencia fácil y una satisfacción rápida para nuestras inquietudes ambientales, se descuelgan con una memoria anual en respuesta a su compromiso con el Pacto Mundial[9], promovido por Naciones Unidas, u otras iniciativas de responsabilidad y sostenibilidad corporativa. Informes con indicadores y datos, más o menos creíbles, que ayudan a comprobar los resultados, más o menos modestos, de ese compromiso. Pero que muestran voluntad real de cambio.

La realidad es tozuda. La mayoría de los medios de comunicación se conformarán con artículo superficial sobre una actuación vistosa pero de poco calado (y menor incidencia en nuestro impacto sobre el planeta) o a reproducir la nota de prensa de algún patrocinador. No recogerán nada que se salga mínimamente de la corrección política y no permitirán que sus periodistas hagan cuentas con los datos sobre modelos insostenibles de consumo o generación de residuos, no sea que no cuadren.

Eso sí, **alrededor del Día de la Tierra** (si incluimos Madre queda demasiado hippioso), **el calendario se llena de oportunidades de realizar gestos buenistas rodeados de marcas que nos invitan a acercarnos a sus eventos con los que pretenden vendernos productos insostenibles.** ¿Todo este despliegue de buenas intenciones sirve para algo o se trata sólo de entretenimiento?

Porque no tenemos más tiempo. Decía Ban Ki-moon, Secretario General de Naciones Unidas, que ha llegado el momento de que todos y cada uno de nosotros asumamos el liderazgo en materia de desarrollo sostenible en 2015[10]:

Las grandes decisiones que tenemos por delante no corresponden solo a los legisladores y los dirigentes mundiales. Hoy, en este Día de la Madre Tierra, hago un llamamiento para que todos nosotros seamos conscientes de las consecuencias que tienen nuestras decisiones sobre el planeta y lo que supondrán para las generaciones futuras.

¿Qué vas a hacer hoy? **¿Qué harás durante el resto de tus días para conseguir que tu forma de vida sea cada vez más sostenible?**

---

[1] http://heinberg.wordpress.com/2010/03/03/214-life-after-growth/

2 http://www.rtve.es/alacarta/videos/documentos-tv/documentos-tv-corriente-del-golfo-nueva-glaciacion/651772/

3 http://ethic.es/2013/10/refugiados-climaticos/

4 http://www.who.int/mediacentre/factsheets/fs266/es/

5 http://www.fao.org/news/story/es/item/346380/icode/

6 http://www.eldiario.es/euroblog/Siria-guerra-climatica-venir_6_429117130.html

7 http://www.farodevigo.es/sociedad/2016/02/13/pedro-arcos-gonzalez/1403831.html

8 http://www.un.org/es/events/motherearthday/

9 http://www.pactomundial.org/

10 http://www.cepal.org/es/articulos/2015-dia-internacional-de-la-madre-tierra

Energía

"Cuando confluyen las revoluciones en el ámbito de las comunicaciones y de la energía, todo cambia, incluido el pensamiento de los seres humanos"

Jeremy Rifkin

¿Debate nuclear? no gracias, debate energético

Periódicamente salta a la prensa y televisión el asunto de las nucleares. ¿Son seguras? ¿Ayudan a paliar el cambio climático? Apasionantes discusiones con todo tipo de contertulios, posicionamientos políticos, argumentos alarmistas, razonamientos científicos...

Y la diversidad está muy bien. Si abordamos el problema desde la física teórica diremos que la energía nuclear es segura. Si nos ceñimos a algún programa político igual hay que descartarla. Si pensamos en las emisiones de gases de efecto invernadero de la quema de carbón para producir electricidad, la nuclear se nos antoja una buena alternativa. No es difícil encontrar argumentos para ser antinuclear. Ni para todo lo contrario.

Abordar el asunto energético desde el punto de vista "nuclear sí, nuclear no" es demasiado simplista. Una visión miope. Creo, sinceramente, deberíamos abrir el debate un poco más y plantearnos ¿qué modelo energético queremos? No discutir sólo sobre los atributos de una determinada forma de obtener energía. Tenemos que mirar qué implicaciones tiene en todos los ámbitos. Generación, distribución, consumo...

Estamos en el momento histórico en el que los ciudadanos podemos superar un sistema energético tradicional y pasar a un modelo energético distribuido.

Hasta ahora la producción de energía estaba concentrada. La solución nuclear conseguiría perpetuar un esquema de producción centralizada. ¿Qué implica esto? Pues básicamente que la mayoría de la población depende de aquellos que controlan las centrales desde las que se distribuye la energía eléctrica. ¿Eso es malo? seguramente no. Pero sería bastante mejor si cada cual fuese su propio productor de energía y su economía doméstica no dependiese de los caprichos de los empresarios del sector eléctrico.

A estas alturas de la película sabemos que nuestros hogares podrían ser autosuficientes energéticamente, que los partidos políticos son conscientes de que existen otros modelos energéticos, que ciertos intereses presionan las decisiones políticas...

El debate nuclear está superado: un miedo, más o menos irracional, hace que la sociedad tenga una imagen nefasta sobre la energía nuclear. Pero **¿Por qué intentan imponernos que es la solución?** ¿Qué impide que la información sobre nuevos modelos energéticos llegue a la calle y las tertulias de la televisión?

Deberíamos hablar más de Fukushima

Con cada triste aniversario del accidente nuclear en Fukushima, el 11 de marzo, la prensa se llena de artículos sobre el suceso. Pero lo cierto es que no le dedicamos la atención que merece. Especialmente en un país como España, donde el sol podría proporcionar toda la energía eléctrica que se necesita[11] y donde las instalaciones nucleares causan tanto rechazo social que ni la promesa de empleo consigue callar las protestas populares. Hay muchas dudas sin aclarar y poca información:

- El riesgo y las consecuencias de un accidente como el de Fukushima son globales: las corrientes marinas de radioisótopos con periodos de semidesintegración de decenas o centenares de años y la actuación de las corrientes marinas han causado, desde el inicio de estos vertidos, la dispersión de la contaminación radiactiva por todo el Océano Pacífico[12].

- Los radioisótopos son bioacumulables. Pasan a la cadena trófica y llegan a la alimentación humana. Sigue siendo una de las principales tragedias del accidente de Chernóbil[13]: *"un cuarto de siglo después de la catástrofe el cesio sigue contaminando el ambiente, los acuíferos y los alimentos que allí crecen; y que el impacto psicológico y económico entre las más de 300.000 personas que fueron obligadas a abandonar sus casas permanece en forma de desajustes emocionales, miedos, ansiedad, una mala dieta y pobreza"*.

- El sensacionalismo no va a evitar que la radiactividad nos afecte. Desde el principio de la crisis nuclear de Fukushima, la prensa recoge el testimonio de los (fundamentalmente ancianos) que decidieron quedarse en la zona afectada por el accidente. Pero, ¿podrán documentar los casos de afectados por comer atún contaminado con cesio o estroncio radiactivo? Efectivamente, existen controles sanitarios para mantener bajo el riesgo de afección a la salud, pero nadie puede garantizar que la pieza de carne, pescado o fruta que te llevas a la boca no está afectada por contaminación.

- No ocupa titulares en la prensa pero la radiactividad sigue siendo alta en Japón, en particular, los niveles en Tokio podrían ser bastante altos[14], y podría haber sido mucho peor[15].

- A pesar de que se plantea como la solución menos mala en relación al cambio climático, **la energía nuclear no es una solución sostenible**: mientras no sepamos qué hacer con los residuos nucleares y nos dediquemos a almacenarlos, estamos trasladando el problema a las generaciones siguientes.

  ¿Podía ocurrir otro accidente similar al de Fukushima? La respuesta, por varios motivos, es afirmativa. Destacando dos:

- Teniendo en cuenta que el accidente se debió a un problema en el sistema de refrigeración, cualquier central donde pueda fallar el sistema de enfriamiento de los reactores puede sufrir un accidente similar. Garoña era firme candidato a este tipo de fallos, especialmente en años de sequía. Según las denuncias, esta instalación no era capaz de refrigerar adecuadamente y calentaba el agua del Embalse del Sobrón que utilizaba en su proceso de refrigeración[16]. Afortunadamente las noticias parecen indicar que esta instalación dejará de funcionar[17], pero los sistemas de refrigeración deberían ser una de las cuestiones a considerar al prologar la vida útil de otras centrales. Especialmente en un escenario de aumento de emisiones de efecto invernadero que pueda resultar en una mayor variabilidad de las precipitaciones o escasez en la disponibilidad de recursos hídricos.

- Se siguen construyendo centrales nucleares inseguras. A pesar de los avances para garantizar la seguridad, (que podamos saber) en China se siguen instalando centrales nucleares basadas en tecnología obsoleta[18].

Lo más grave de todo esto es que podríamos reducir el riesgo abandonando el uso de las fuentes nucleares con medidas de eficiencia energética, utilización de fuentes renovables y con un sistema inteligente de distribución de energía. ¿Hablamos de ello?

Nuclear: ni limpia, ni barata, ni segura, ni sostenible

Tras la catástrofe de Fukushima, en España apenas se habla del accidente nuclear más grave de la historia. La información no fluye y los medios de comunicación suelen dedicar sus páginas a los argumentos de los grupos de presión a favor de la energía nuclear. Pero conviene hacer algunas reflexiones al respecto, especialmente cuando nos proponen que esta forma de obtener electricidad es una alternativa de futuro:

- **La energía nuclear no es limpia.** Genera, entre otros, **residuos radiactivos de alta actividad.** El problema de estos residuos no es que generen isótopos que pueden afectar a la salud humana. Lo grave es que **no sabemos gestionarlos.** No tenemos capacidad para evitar que sigan siendo radiactivos cientos de años. Además **no está exenta de emisiones de gases de efecto invernadero.** Tanto el combustible como los residuos requieren **transportes de largo recorrido,** con su consumo de combustibles fósiles y emisiones de gases de efecto invernadero. Por cierto, el vapor de agua que sale de los refrigeradores es el gas con más potencial de calentamiento global.

- **La energía nuclear es cara,** incluso en palabras del sector eléctrico[19]. El coste de construcción y mantenimiento de las centrales no es barato. **La instalación se hace más rentable cuanto más se alarga la vida útil de la central.** Lo que implica costes en forma de riesgos, que asumimos entre todos los habitantes del planeta, y que pueden llegar a suponer daños por un valor cercano a lo ilimitado.

* **La energía nuclear no es segura.** Sí, existen importantes medidas de prevención. Pero el riesgo no se puede eliminar totalmente. Sobre el papel, las instalaciones nucleares se diseñan para escenarios complejos. Pero mientras que el papel lo aguanta todo, la naturaleza no deja de sorprendernos. Desde fallos en la operación a manifestaciones geológicas extremas, tenemos varios ejemplos que demuestran que el accidente nuclear no es ciencia ficción. Y una vez que ocurre no hay forma de controlar la dispersión de isótopos radiactivos. Se pueden minimizar los daños, pero **no sabemos a quién le va a tocar una dosis que afectará fatalmente a su salud.** Por vía atmosférica, a través del pescado de la dieta o **en la leche de las vacas que pastaron en un suelo que acumuló isótopos décadas atrás.**

* **No es sostenible.** La sostenibilidad es garantizar a las generaciones presentes la satisfacción de sus necesidades sin comprometer la posibilidad de las generaciones futuras de satisfacer las suyas. **Con cada accidente nuclear comprometemos el futuro de una región.** Pero, si todo funcionase sin problemas, seguimos sin saber qué hacer con los residuos. Almacenamos el material radiactivo para que, durante cientos de años, pierda, poco a poco, su actividad nuclear. **Lo único que sabemos hacer con**

los residuos nucleares es legarlos a las generaciones futuras, dentro de infraestructuras que no aguantarán toda la vida radiactiva del material que contienen. O enterrarlos en estructuras cuya seguridad a largo plazo sólo podemos garantizar dentro de los límites del cálculo estadístico.

Sí, es momento de revisar el modelo energético. El calentamiento global y los gases de efecto invernadero marcan la agenda internacional. El miedo al desempleo marca la vida de cada individuo. Pero existen alternativas que pueden ayudar a matar dos pájaros de un tiro: **con sistemas de autosuficiencia energética y generación distribuida podríamos reducir la factura energética y contribuir a un modelo más sostenible, bajo en emisiones de gases de efecto invernadero y sin residuos radiactivos.**

Renovables: especulación, trapicheo y autoconsumo

Desde un punto de vista un poco desenfadado, simplista e informal quería clasificar a los productores de energía renovable en tres categorías:

- **Especulación:** es el productor de energía con capacidad suficiente como para ganar dinero alrededor del negocio, con independencia del mercado de la energía. Con la crisis del ladrillo necesita mover su dinero y lo pone en forma de parque eólico. Lo mismo compra alguna empresa petrolera, vende acciones en una eléctrica o invierte en el negocio nuclear. Le mueve el dinero y está por encima del bien y del mal, tiene poder para influir en las decisiones políticas que harán que siempre siga ganando pasta, sea quemando carbón o fabricando coches eléctricos. Tiene la hucha puesta y todo el que quiera energía tiene que meter un poco en esa hucha todos los meses. Por supuesto cualquier variable que no entre en la cuenta de resultados le da lo mismo.

- **Trapicheo:** es el oportunista, que ha visto el negocio y se ha puesto a ello, a ver si en una de estas sale de pobre. Tiene un terreno o posibilidad de acceder a él. Se ha enterado de unas subvenciones a la energía renovable y que los grandes la tienen que comprar, así que se lanza al ruedo. No tiene capacidad de convertir en oro todo lo que toca, pero intenta hacer crecer su dinero a corto o, como mucho, medio plazo. La variable ambiental le interesa en tanto que argumento para seguir manteniendo las primas a su actividad, pero los números que ha hecho le permiten decidir, en un momento dado, quemar gasoil para seguir metiendo electricidad en el sistema. Si las cosas van bien, saca de la hucha del especulador más de lo que mete. Si van mal acabará dándose cuenta de que los negocios piramidales no funcionan.

- **Autoconsumo:** es el más peligroso de todos porque opera al margen del sistema. Tradicionalmente se enganchaba al cable que pasaba cerca de su ventana y listo. En los últimos tiempos se ha sofisticado: con unos paneles fotovoltaicos y otros térmicos consigue electricidad y calor para sobrevivir. En ocasiones lo complementa con un pequeño molino. No debe nada a nadie y nadie le puede meter mano en la hucha, si es que le queda algo después de la instalación. Implicado en el medio ambiente en tanto que la sostenibilidad le permite sobrevivir pagando menos facturas.

¿Adiós Garoña?

Garoña, por encima del riesgo cierto que supone el funcionamiento de la instalación, **se ha convertido en el símbolo de los pulsos políticos en España.** Ecologistas - eléctricas, gobierno - oposición, eléctricas - gobierno,... pero el interés general, el modelo energético o el riesgo nuclear parecen ser elementos secundarios en el debate sobre si hay que cerrar o no Garoña.

Al final parece que, a pesar de estar amortizada, la central no sería rentable si tuviese que costear la gestión de sus residuos radiactivos. ¿Evidencia de que la nuclear no es ni limpia ni barata?

En cualquier caso **no parece muy sensato mantener activa una bomba de relojería como Garoña** en un país excedentario en energía eléctrica[20], con gran potencial para las renovables y donde modelos alternativos de generación y consumo distribuido podrían ayudar a resolver el problema de la pobreza energética.

Vampiros eléctricos: el aire acondicionado

Posiblemente seas uno de esos consumidores preocupados por la factura eléctrica, bien por el importe de la misma, bien por las consecuencias en el agotamiento de recursos fósiles y emisiones de efecto invernadero. Quizá por ello no tienes aire acondicionado en casa. O quizá lo tienes porque sabes que la bomba de calor es el sistema más eficiente.

Igual tienes instalada una bomba de calor para poder dar un calentón rápido a tu hogar en días de frío y refrigerar un poco en momentos puntuales de mucho calor. Quizá la instalaste a la expectativa de conectarla a un panel solar que te permitiese gozar de climatización durante todo el año, pero todavía no te has decidido a dar el salto a la autosuficiencia energética. Tal vez te animes cuando puedas tener tu propia batería y desconectarte de la red.

En cualquier caso, el uso de equipos domésticos de climatización genera un consumo eléctrico importante. Y también cuando no los utilizamos. Nos han concienciado para desenchufar el ordenador, no dejar la cadena de música en *stand by*... pero tener las máquinas de aire acondicionado conectadas a la red eléctrica todo el año para utilizarlas, puntualmente, un par de días de verano y otro par en invierno tiene un coste que tampoco es despreciable: el consumo fantasma. Nuestro equipo de climatización se queda dócilmente a la espera de que decidamos darle al mando a distancia para ponerlo en marcha. Y mientras chupa energía.

¿Cómo podemos evitar este consumo de electricidad? Dependerá del modo en que tengamos instalado el equipo. Igual está conectado a la red mediante un enchufe: el caso más fácil, tiramos del enchufe y listo. El día que queramos utilizarlo lo volvemos a enchufar. Otra opción es mirar el cuadro eléctrico de nuestra vivienda. Quizá tenga un interruptor independiente: lo bajamos y cortamos el suministro de electricidad al circuito del aire acondicionado. Quizá no suponga el ahorro más significativo que podamos conseguir, pero sí uno bastante sencillo.

A vueltas con el peaje al autoconsumo

Cualquiera con inquietudes relacionadas con las energías renovables, el autoconsumo energético o la generación distribuida anda preocupado con la evolución del marco normativo que regula el sector eléctrico.

Lo peor, como siempre, el ruido mediático. Si viviésemos en un país medianamente civilizado y democrático, estas cuestiones no serían impuestas a golpe de nota de prensa y titular. Lo suyo es abrir periodos de información pública y consulta a la ciudadanía. Tratar a las personas como seres racionales, fomentando la transparencia y permitiéndonos participar en los procesos de toma de decisiones. Pero eso podría ir en contra de los intereses de los que se mantienen en el poder controlando la energía.

El marco normativo español en materia de renovables parece estar encaminado a mantener un (obsoleto) sistema centralizado de producción de energía, que vela por los intereses de las grandes compañías (gracias a su capacidad para influir en el desarrollo legislativo y otras decisiones políticas), sin prestar demasiada atención al interés general (dependencia energética exterior), el impacto ambiental de la producción energética (basada en la quema de combustibles fósiles), o el coste social (pobreza energética a cuenta de tarifas arbitrarias, entre otras cosas).

Afortunadamente, la cosa no se queda aquí. Frente al grupo de poder y presión conformado por las eléctricas y petroleras tenemos otros. Con poco acierto desde mi punto de vista, el grupo de las renovables y los ecologistas han estado dando por hecho que no había nada que hacer y que pagaríamos por el sol, el viento y otras fuentes si las utilizábamos para producir electricidad.

En lugar de poner las cartas sobre la mesa y llamar a la población a levantarse contra una clase política que no está haciendo las cosas bien, el resultado de su discurso mediático es que han alentado la eliminación de paneles para autoconsumo. En lugar de crear un clima favorable para la participación pública, se han dedicado a sembrar el miedo a hipotéticas sanciones pendientes de regulación.

La cosa es escandalosa, sin lugar a dudas, pero tal y como está la legislación, a mi entender, **los**

peajes serían pagados por instalaciones conectadas al sistema: si no estás conectado no pagas.

Afortunadamente, la Comisión Nacional de la Energía (CNE) ha hecho los deberes, emitiendo informes que arrojan un poco de esperanza para el ciudadano particular y, sobre todo, el interés general. En resumen, la CNE viene a pedir que se elimine el peaje al autoconsumo[21].

En uno de esos informes aclara las modalidades de autoconsumo y responde algo estratégico en relación al peaje: **¿qué es una instalación conectada al sistema eléctrico?**

En otro cuestiona la necesidad y conveniencia de aplicar el peaje en este ámbito. Me parecen dignos de mención los siguientes aspectos:

- Considerando el autoconsumo como una opción de ahorro, sería injusto hacer pagar al que pone paneles solares y no al que pone sistemas de eficiencia energética. **Tan poco apropiado sería cobrarte por la electricidad que te ahorras instando iluminación led, como por la que te ahorras con un panel solar.**

- La producción distribuida y el autoconsumo aumentarían la eficacia del sistema eléctrico, en tanto que ayudan a disminuir las pérdidas en la red, disminuir su congestión, reducir la capacidad instalada en generación. Igualmente, contribuye a reducir la dependencia energética exterior y disminuye el impacto ambiental de la generación eléctrica. Estos beneficios parecen contradictorios con la idea de cobrar un "peaje de respaldo" a quienes los generarían.

Desde el punto de vista normativo, el peaje sería contradictorio con la normativa europea que pretende fomentar la generación distribuida y el autoconsumo. El peaje también penalizaría a las instalaciones realizadas obligatoriamente en aplicación del Código Técnico de la Edificación.

A pesar de dar cierta paz de espíritu para aquellos que opten por el autoconsumo, la CNE argumenta en su informe la insostenibilidad del sistema a corto plazo y propone otros peajes aplicables a todos los consumidores, como un **cargo fijo por cliente**, destinados a cubrir el famoso déficit de tarifa. Para los productores en autoconsumo sí contempla los siguientes:

- Peajes y cargos por la **energía consumida y no producida por su instalación**: que pagarían como cualquier otro usuario del sistema.

- Peajes por la **energía excedentaria producida y vertida a la red**: sentido común, difícilmente te harían pagar por lo que no puedan controlar, ahora, que si lo que quieres es vender electricidad, normal que te pongan un contador y te cobrasen un peaje para mantener el sistema del que dependen los ingresos de esa venta.

Así pues, si el legislador atiende a las consideraciones del informe de la CNE, **lo de pagar por el sol (o el viento) para uso propio se acabaría**, sería el fin del "peaje de respaldo".

Pero como hay que seguir cubriendo esos costes que el ciudadano medio no entiende muy bien, y sobre los que no tiene capacidad de decisión, **el recibo de la luz va a seguir subiendo para todos,** tengamos o no nuestro panel solar.

A ver si, por lo menos, lo hacen **sin obstaculizar la posibilidad de que cada cual se produzca su propia energía y se desconecte del sistema para evitar ser sangrado mes a mes por las eléctricas.**

¿Quién debería pagar por las emisiones del diésel?

La superación de los niveles saludables de contaminantes atmosféricos en el aire de las grandes ciudades es todo un reto, tanto desde el punto de vista ambiental, como por su repercusión en la salud pública. Una de las soluciones que se plantean es penalizar el tráfico diésel y los vehículos más viejos por la vía impositiva.

Se recupera, en esta etapa de profunda crisis económica, una medida impopular que lleva años encima de la mesa, pero que nadie quiso poner en marcha en época de vacas gordas. Con independencia de la necesidad recaudatoria, cabría preguntarnos si aumentar el coste al usuario final conseguirá reducir las emisiones atmosféricas, o si la mejor alternativa, desde el punto de vista medio ambiental, es rejuvenecer el parque móvil.

La mayor parte de los conductores no ganan dinero quemando combustibles fósiles en el motor de sus vehículos. Para muchos es un coste en el que incurren para poder acudir a su lugar de trabajo. La prioridad del usuario final no es quemar un derivado del petróleo, es desplazarse de un sitio a otro.

Pero, con demasiada frecuencia, no hay alternativas al vehículo particular, bien porque los horarios o rutas del transporte colectivo no satisfacen sus necesidades, por alguna condición particular hace que resulte necesario el transporte privado o, simplemente, porque no existen alternativas viables de movilidad sostenible por las que puedan optar.

Si se tiene la necesidad de un vehículo el mercado no ofrece muchas alternativas: la mayor parte de la oferta asequible para el bolsillo del consumidor final, salvo que la bicicleta satisfaga sus necesidades, es de combustión interna. Tan responsables como son con el medio ambiente, **las empresas automovilísticas saturan el mercado con máquinas de quemar derivados del petróleo** generando óxidos de nitrógeno, partículas en suspensión, emisiones de gases de efecto invernadero, compuestos orgánicos volátiles…

¿La técnica no ha descubierto alternativas desde hace décadas? ¿Por qué no se fabrican en masa? ¿Por qué no saturan la oferta con vehículos eléctricos, solares, con motor de hidrógeno…? **Como consumidor, preferiría un vehículo que no tuviese que parar a repostar** o que, al menos, utilizase una fuente de energía que no me obligase a pagar una pasta cada vez que quiero hacer un viaje.

En el otro lado están los gobiernos y el impulso de la economía. Desde el comienzo de la crisis hemos gastado mucho dinero en seguir fabricando y poniendo en la calle vehículos que queman gasóleo. ¿Acaso las ayudas públicas no hubiesen sido una gran oportunidad para reconducir la contaminación?

Quizá, subsidiando una industria obsoleta que se lucra de las emisiones atmosféricas que tanto nos preocupan, **hemos perdido la mejor oportunidad que nos brindó la crisis para aumentar la oferta de alternativas por un transporte más limpio.** Supongo que a los empleados del sector les da lo mismo fabricar coches que fabricar paneles solares. Su objetivo es llevar un sueldo a casa a fin de mes.

Reflexionando sobre la variable ambiental y el rejuvenecimiento del parque de automóviles, ¿cómo beneficia al medio ambiente que cambie mi viejo coche? Sí, tal vez reduzca las emisiones de gases, pero generaría cerca de una tonelada de chatarra y residuos peligrosos. ¿Cuál es el coste ambiental de reemplazar un coche puramente mecánico por otro lleno de pijadas tecnológicas para cuya fabricación hay que cometer un expolio de recursos naturales a lo largo y ancho del planeta?

No es sólo eso, también tendría que desembolsar varias veces el sueldo anual para reemplazar el coche que conduzco actualmente.

Por cierto, que la mayor parte de las averías de un coche viejo las arregla cualquier manitas con un destornillador y una llave inglesa, pero un coche moderno tiene que pasar, ineludiblemente, por el ordenador de diagnóstico oficial de la marca para saber por qué se enciende la lucecita de turno.

Nos falta por analizar el asunto del combustible, que es el verdadero responsable del problema de las emisiones. ¿Podríamos tener un diésel cuya combustión generase menos residuos? ¿Existen alternativas más limpias que el diésel? ¿Por qué no se comercializan masivamente? Las distribuidoras de gasóleo tienen un buen margen de beneficios con el parque móvil y la oferta de vehículos actual. Son las que ganan dinero con la combustión en los motores que circulan por nuestras calles y carreteras.

Así las cosas, el ciudadano particular -al que van dirigidos los impuestos sobre las emisiones diésel- no tiene mucho que hacer. Es el menos interesado en producir emisiones contaminantes, pero es al que se le va a hacer pagar por ellas. ¿Para qué? ¿Para que la industria siga aumentando la oferta de coches que agotan nuestras reservas de petróleo y ponen en el aire de las ciudades sustancias que afectan a nuestro sistema respiratorio? ¿Para que el sector petrolero siga beneficiándose de la dependencia que tenemos de las gasolineras a la hora de desplazarnos?

Creo sinceramente que si el impuesto sobre el diésel fuese a cargo de los beneficios de las distribuidoras de combustible y la industria de la automoción avanzaríamos algo.

El coste también llegaría al consumidor final, evidentemente, pero incentivaríamos al mercado a desarrollar productos alternativos libres de la carga impositiva asociada a las emisiones.

[11] http://www.greenpeace.org/espana/es/reports/informes-renovables-100/
[12] http://www.madrimasd.org/blogs/remtavares/2011/12/09/131701
[13] http://www.20minutos.es/noticia/1029504/2/ninos/chernobil/espana/
[14] http://fukushima-diary.com/2012/02/tokyo-is-contaminated-as-the-worst-place-in-chernobyl/
[15] http://www.europapress.es/sociedad/medio-ambiente-00647/noticia-gobierno-oculto-alarmante-informe-advertia-peor-escenarios-fukushima-20120122083618.html
[16] http://www.energiadiario.com/publicacion/spip.php?article17820
[17] http://www.rtve.es/noticias/20170801/garona/1590761.shtml
[18] http://grist.org/list/2011-08-30-china-to-build-50-nuclear-reactors-based-on-dated-60s-tech-says/
[19] http://economia.elpais.com/economia/2012/03/01/actualidad/1330633006_820594.html
[20] http://www.greenpeace.org/espana/es/Blog/espaa-exporta-electricidad-a-francia-sorprend/blog/33445/
[21] http://www.comunidadism.es/actualidad/la-cne-pide-eliminar-el-peaje-al-autoconsumo-por-discriminatorio-y-por-hacer-inviables-los-proyectos

Consumo sostenible

*"Convertid un árbol en leña y podrá arder
para vosotros; pero ya no producirá flores ni
frutos"*

Rabindranath Tagore

Verde, pero no va a salvar el planeta

Se anuncia un nuevo aparatejo, como otros tantos
en el mercado, ha sido pregonado el más verde:
consume poca energía, no tiene contaminantes con mala
fama, es bastante reciclable, es conforme a la
política ambiental del fabricante… ¿Será ecológico?
Buscaremos el catálogo de la etiqueta ecológica[22], a
ver qué encontramos. Pero la pregunta es, ¿ayudan
estos cacharros verdes a salvar el planeta? No, claro
que no.

Su fabricación supone un elevado impacto
ambiental cuando consideramos el ciclo de vida
completo: desde la extracción de materias primas
hasta su destino final una vez agotada su vida útil,
incluyendo los transportes que ocurren en las etapas
intermedias.

Adicionalmente, este cacharro no viene a
sustituir otros dispositivos que ya tengamos, si no
que complementa nuestra cesta de cosas que sirven
para funciones similares, creando una nueva necesidad
a cubrir sobre un montón de cosas con las que ya
estábamos impactando sobre nuestro entorno.

De la obsolescencia programada y la necesidad de reemplazo mejor no hablamos…

¿Es ecológico este bolígrafo?

¿Te has parado a pensar alguna vez que hace que un producto sea ecológico? Pensemos en un bolígrafo de cartón, de esos que se utilizan como regalo promocional.

A simple vista se trata de un bolígrafo de papel reciclado, algo que se nos puede antojar como respetuoso con el medio ambiente, pero ¿es suficiente para referirnos a él como un "boli ecológico"?

Desde luego el cartón o el papel reciclado pueden ser opciones de deseables a la hora de elegir el material para fabricar el instrumento de escritura, especialmente si estamos de acuerdo en la idea de reducir el consumo de petróleo empleado en productos de plástico de corta vida útil o que, sencillamente, pueden realizarse en otros materiales.

Pero, ¿el boli es ecológico o no?

No, no lo es. Sí, aparece en la sección de eco escritura, dentro del apartado "ecológicos" de algún proveedor de material promocional, pero la realidad es que no sabemos nada sobre el origen de los materiales empleados en su fabricación, las condiciones de los trabajadores implicados, la toxicidad de las sustancias que componen la tinta con la que escribe... muchas dudas como para afirmar alegremente que es ecológico. O para que nos vendan que comprando muchos bolis vamos a salvar el planeta.

No, **consumir más no va a salvar el planeta.** Quizá consigamos reducir el impacto de nuestra forma de vida adquiriendo productos y servicios más respetuosos con el entorno.

Pero, ¿qué me garantiza que realmente un producto es ecológico? ¿La sonrisa de la actriz de moda diciendo que, para ella, es el producto más sostenible? ¿Un logotipo de colores verdes? ¿Una página web llena de fotos de paisajes espectacularmente desnaturalizados con un programa de retoque fotográfico?

Necesitamos un sistema de confianza que nos garantice de algún modo que lo que se vende como ecológico realmente lo es. De lo contrario siempre tendremos la misma sensación con el próximo anuncio que trate de apelar a nuestra conciencia ambiental… ¿Otra vez sale al mercado el primer teléfono móvil ecológico?

La buena noticia es que existe. Contamos **con herramientas para analizar el ciclo de vida de un producto o un servicio.** Existen criterios definidos que nos permiten saber qué es, por ejemplo, un inodoro ecológico. Y un marco legal que permite garantizar al consumidor información veraz y transparente sobre aquellas empresas que, voluntariamente, deciden acogerse a esquemas legalmente definidos de etiquetado ecológico. En ellos, por ejemplo, se regula la correcta aplicación del término "ecológico" o "biológico".

Lo malo es que sigue habiendo empresas que comunican sobre sostenibilidad cuando la realidad de su actividad o el impacto de sus productos no se corresponde con sus mensajes. Que seguimos dudando sobre si realmente lo ecológico es más sano o mejor para el medio ambiente. Estamos atascados en la idea de que lo ecológico es más caro, cuando puede ser más barato.

Pero tenemos que aprender que ecológico y esotérico no es lo mismo. Que nuestras decisiones como consumidores influyen en la oferta disponible en el mercado y que gratis sólo significa que los costes están en alguna otra parte[23].

También es cierto que existen productos a nuestra disposición que son tan sostenibles o más que los sujetos a etiqueta ecológica. Las cooperativas y grupos de consumo, que acortan las cadenas de distribución y permiten a los compradores participar del proceso de producción son un ejemplo claro en este sentido.

Y hay otras etiquetas, como las relativas a consumo energético, que nos informan de forma fiable sobre un importante aspecto ambiental.

Sin acogerse a un criterio normalizado o regulado de certificación también tenemos productores que han analizado en detalle los impactos de su producto y hacen, del modo más transparente posible, todo lo que está en su mano, por ejemplo, para dar una respuesta respetuosa a la fabricación de teléfonos móviles.

O productos y servicios para los que difícilmente se pueden establecer criterios ecológicos. Bien porque no se producen en masa, bien porque no existe un sector potente que pueda promover investigación y consenso sobre esos criterios.

Pero no. El bolígrafo de cartón no es ecológico. Existe una industria lo suficientemente potente como para proponer y desarrollar unos criterios de etiquetado ecológico pero, por algún interés que desconozco, no lo ha hecho.

No tengo información suficiente sobre el origen o los procesos que lo han traído hasta mis manos. No sé qué consecuencias tiene su uso para mi salud y no tengo información suficiente sobre sus residuos cuanto tenga la necesidad de desprenderme de él.

Una etiqueta para informar a todos

Ante el creciente interés de los consumidores por estar informados de los productos menos perjudiciales para el medio ambiente, allá por el año 1992, la Unión Europea aprobó, por primera vez, un reglamento (de cumplimiento voluntario) relativo a un **sistema comunitario de concesión de etiqueta ecológica.**

El objetivo era **evitar el oportunismo de productores dispuestos a disfrazarse de verde para captar ese interés social en productos respetuosos con el entorno,** creando una herramienta destinada a proporcionar a los consumidores mejor información sobre las repercusiones ecológicas de los productos.

Por aquel entonces, algunos países ya disponían de mecanismos para la concesión de etiquetas para productos menos perjudiciales para el medio ambiente, por lo que se trataba de formalizar un sistema con criterios uniformes aplicables en todos los países miembros de la Unión Europea.

La nueva etiqueta ecológica supuso, en un mercado sensibilizado ambientalmente, un mecanismo de diferenciación para productos y servicios con un impacto ambiental limitado. A la vez se garantizaba al consumidor información veraz.

Actualmente está vigente el *Reglamento (CE) número 66/2010 del Parlamento europeo y del Consejo, de 25 de noviembre de 2009, relativo a la etiqueta ecológica de la UE*[24]. Establece el esquema general que regula el etiquetado ecológico para cualquier tipo de mercancía o de servicio, exceptuando:

- los productos alimenticios (tienen su propio sistema de etiquetado ecológico);
- las bebidas;
- los productos farmacéuticos;
- los dispositivos médicos;
- las sustancias o preparados clasificadas como peligrosas;
- los productos fabricados mediante métodos que puedan perjudicar de modo significativo al hombre o al medio ambiente.

Partiendo de un esquema básico, el Reglamento se complementa con decisiones relativas a los criterios específicos de etiqueta ecológica por categorías de productos. La aprobación de criterios para las distintas categorías de productos responde a un plan de trabajo previsto en el propio reglamento.

Estos criterios se basan en consideraciones sobre los efectos medioambientales, en las distintas etapas del ciclo de vida del producto (materias primas > producción > distribución > utilización > eliminación) o servicio, (adquisición de productos > realización del servicio > gestión de residuos) sobre distintos aspectos ambientales:

- Calidad del aire;
- Calidad del agua;
- Protección del suelo;
- Reducción de residuos;
- Ahorro de energía;
- Gestión de recursos naturales;
- Prevención del calentamiento global;
- Protección de la capa de ozono;
- Seguridad ambiental;
- Ruido;
- Biodiversidad.

Así pues, un ordenador portátil ecológico será el que cumpla con lo establecido en una decisión europea en la que se recojan los criterios ecológicos y los requisitos de evaluación y comprobación para la concesión de la etiqueta ecológica comunitaria a los ordenadores portátiles.

En concreto, la etiqueta ecológica en uno de estos equipos garantizaría que se cumplen unos criterios mínimos relativos a:

- Ahorro energético;
- Prolongación del período de vida útil;
- Contenido de mercurio de la pantalla;
- Ruido;
- Emisiones electromagnéticas;
- Recuperación, reciclado y sustancias peligrosas;
- Modo de empleo;
- Embalaje.

Inodoros y urinarios ecológicos a la vuelta de la esquina

Ya están aquí. Quizá todavía no los encontremos en la sala alicatada al fondo a la derecha, pero, por lo menos, ya hay criterios para hablar con propiedad de inodoros y urinarios ecológicos.

La *Decisión de la Comisión de 7 de noviembre de 2013 por la que se establecen los criterios ecológicos para la concesión de la etiqueta ecológica de la UE a inodoros y urinarios de descarga*, que aplica a productos de uso doméstico y no doméstico, establece, entre otros, los siguientes criterios para poder considerar ecológicas las instalaciones donde satisfacemos nuestras necesidades de evacuación:

- **Eficiencia en el consumo de agua**: el volumen de descarga completa de equipos de inodoros debe ser como máximo de seis litros. Si el volumen de descarga completa es superior a 4 litros estarán equipados con un dispositivo de ahorro de agua, con un volumen de descarga reducida que no será superior a 3 l/descarga. Para el caso de urinarios el volumen de descarga deberá ser menor de un litro y dispondrán de un control de descarga a petición, en el caso de urinarios de placas habrá un control de la descarga a petición para una anchura máxima de 60 cm de pared continua. Si la descarga es mediante sensores, estos impedirán la activación en falso y garantizarán que el agua sólo se libera después de haber utilizado efectivamente el producto;

- Rendimiento de los productos;

- **Sustancias y mezclas prohibidas o restringidas**: no podrá concederse la etiqueta ecológica de la UE a ningún producto que contengan sustancias que respondan a los criterios de clasificación con determinadas indicaciones de peligro o las frases de riesgo, entre otras, "Tóxico en contacto con la piel" o "Puede ser nocivo para los organismos acuáticos, con efectos nocivos duraderos". Tampoco pueden contener sustancias clasificadas como extremadamente preocupantes;

- **Madera gestionada de forma sostenible como materia prima**: Los componentes de madera o a base de madera utilizados en inodoros o urinarios de descarga podrán ser material reciclado o material virgen. En este último caso, la madera estará amparada por certificados válidos de gestión forestal sostenible y de cadena de custodia expedidos por un plan de certificación independiente a cargo de terceros, como los sistemas de certificación del FSC y del PEFC, o equivalente;

- **Longevidad de los productos**: El producto estará diseñado de modo que el usuario final o un especialista profesional pueda sustituir con facilidad sus componentes intercambiables, para lo que se facilitará información clara sobre qué elementos pueden sustituirse. El solicitante de la etiqueta ecológica para inodoros o urinarios proporcionará instrucciones claras que permitan realizar reparaciones básicas al usuario final o a especialistas formados y garantizará, además, la disponibilidad de piezas de recambio originales o equivalentes durante al menos diez años después de la fecha de compra. El producto ecológico estará cubierto por una garantía de reparación o sustitución de al menos cinco años;

- **Impactos reducidos al final de la vida útil**: Los componentes de plástico con un peso superior o igual a 25 gramos estarán marcados de manera que puedan identificarse los materiales para reciclado, valorización o eliminación al final de la vida útil del producto. Los urinarios sin descarga, bien utilizarán un fluido fácilmente biodegradable, bien funcionarán completamente sin fluidos;

- **Instrucciones de instalación e información al usuario**: El producto irá acompañado de la información al usuario y sobre la instalación pertinente con todos los detalles técnicos necesarios para realizar correctamente la instalación y con consejos sobre el uso correcto y respetuoso del medio ambiente del producto, así como sobre su mantenimiento. Como mínimo:

- instrucciones para una instalación correcta;
- información y consejos sobre cómo un uso racional puede reducir al mínimo el consumo de agua;
- indicación de que se ha concedido al producto el derecho a ostentar la etiqueta ecológica de la UE, junto con una explicación de lo que esto significa, además de la información general que figura junto al logotipo de esa etiqueta;
- el volumen de descarga completa en litros/descarga, el volumen de descarga reducida y el volumen medio de descarga en litros/descarga;
- recomendaciones sobre el uso y el mantenimiento correctos del producto;
- si se trata de urinarios sin descarga, instrucciones sobre el régimen de mantenimiento, incluida, si procede, información sobre cómo preservar y mantener el cartucho recambiable y sobre cómo cambiarlo y cuándo, así como una lista de proveedores de servicios para el mantenimiento periódico;
- en el caso de urinarios sin descarga, recomendaciones adecuadas sobre la eliminación de los cartuchos recambiables, indicando los eventuales sistemas de recogida existentes;

- recomendaciones sobre la eliminación correcta del producto al final de su vida útil;
- información que figura en la etiqueta ecológica de la UE;

Si bien es cierto que parte de estos criterios ya se están cumpliendo por algunos de los inodoros disponibles en el mercado, o que podemos recudir el consumo de agua en el servicio con sencillas prácticas como reutilizar el agua para de otros usos para rellenar las cisternas o reducir su capacidad, disponer de un distintivo como la Etiqueta Ecológica puede ser un incentivo para fabricantes e instaladores.

Ya que nadie se libra de utilizar estos productos, qué mejor que poder hacerlo con la conciencia tranquila. La etiqueta ecológica nos permitirá saber que nuestros deshechos se depositan en un equipo de impacto ambiental reducido durante todo su ciclo de vida: durante su fabricación (sin sustancias peligrosas), su utilización (bajo consumo de agua, larga vida útil) y su desecho.

No es el caso, pero si me estuviese planteando una reforma en mi hogar o, quién sabe, acondicionar un establecimiento de alojamiento de turismo rural para una nueva aventura de emprendimiento, buscaría, sin lugar a dudas, unos inodoros y urinarios ecológicos.

El detergente para lavavajillas ecológico es más barato

Una de las asociaciones más repetidas cuando hablamos de productos respetuosos con el medio ambiente es la que dice que los productos ecológicos son más caros. Y no es cierto en todos los casos: el lavavajillas ecológico es más barato que el convencional.

Hacer la comparación no es fácil, porque no hay muchas opciones de encontrarse con lavavajillas ecológico en el mercado. En mi caso acudo a un hipermercado que lo comercializa desde hace algún tiempo. Y que tiene a bien dificultar la tarea de encontrar este producto entre sus estanterías.

La primera vez que lo encontré se exponía entre los lavavajillas convencionales y de marca: la comparación del precio resultaba tan escandalosa que al poco tiempo sacaron el producto ecológico a un lineal distinto, para que la gente no se diese cuenta del sobrecoste que implica comprar marcas anunciadas en televisión.

Así, el lavavajillas ecológico fue a parar a un espacio reservado para productos ecológicos del hogar que hacía las delicias del consumidor responsable y del que quería ahorrarse unos euros en la cesta de la compra. Posteriormente ese paraíso del producto ecológico fue dispersado, de modo que para encontrar esos productos tienes que recorrer toda la sección de limpieza del hogar. Por supuesto, ninguno de ellos está cerca de sus compañeros de gama con los que compiten en desempeño ambiental, prestaciones y, en más de un caso, precio.

La cuestión quizá sería, ¿Cómo puede ser el lavavajillas ecológico es más barato? pues en este caso son varios los factores que afectan al precio. Los podemos agrupar en factores asociados a la condición ecológica del producto y asociados a otras cuestiones estratégicas, pero se resumen en que **ecológico es más racional y eso repercute en el precio.**

Si repasamos los criterios ecológicos para la concesión de la etiqueta ecológica comunitaria a los detergentes para lavavajillas[25], encontramos que, de modo general, *La finalidad de estos criterios es fomentar:*

- *la reducción de la contaminación del agua disminuyendo la cantidad de detergente utilizado y limitando la cantidad de ingredientes peligrosos;*
- *la reducción del consumo de energía promocionando los detergentes para temperaturas bajas;*
- *la reducción al mínimo de la producción de residuos disminuyendo la cantidad de envases primarios.*

El último criterio contribuye al precio final del producto: viene con el **envase mínimo posible**, lo que redunda, entre otras cosas, en la **optimización de costes en el transporte y almacenamiento.**

Normalmente estas pastillas de detergente vienen en una caja grande o una bolsa de plástico, formas poco eficientes para envasar un producto de forma regular que se puede ordenar y apilar reduciendo significativamente el tamaño del embalaje.

Comparando lo que cuesta transportar cada una de las pastillas incluidas en el embalaje compacto, frente a lo que cuesta transportar las que vienen en un paquete más voluminoso, empezamos a rascar al precio final.

Cuanto más producto se traslade en cada unidad de transporte más se ahorra: menos combustible, menos desgaste de los vehículos, menos espacio de almacenamiento y manipulación en centros logísticos, menos sueldos de transportistas, menos jornadas de carga y descarga, menos emisiones de gases de efecto invernadero...

Otro aspecto interesante es el **envoltorio hidrosoluble.** En otros productos es de un plástico que genera residuos por los que el fabricante debería responder económicamente, repercutiendo el coste al consumidor.

Otro ahorro para el consumidor es el que se deriva de la **eficacia de lavado que debe cumplir este producto para optar al etiquetado ecológico**, lo que, en principio, es una garantía que no tienen por qué ofrecer las pastillas de detergente lavavajillas que no sean ecológicas. Igualmente, las condiciones de etiquetado y el conjunto de requisitos legislados para acceder a la etiqueta ecológica son garantías de información a disposición de los consumidores.

Otro elemento, estratégico esta vez, que influye en el precio es que se trata de un producto de marca blanca de la cadena de hipermercados que lo comercializa. Como decía antes, la diferenciación de muchos productos, ese factor que nos hace comprar uno u otro, viene de la "imagen de marca", construida con un bombardeo publicitario que tiene un coste que incrementa el precio en el mercado.

En este caso, la cadena de hipermercados, a pesar de tener un modelo de negocio bastante insostenible (incluyendo la política de despedir al personal cuando llega a cumplir cierta edad) pretende atraer al consumidor ambientalmente concienciado con productos ecológicos de gama blanca en una gran variedad de productos.

Quizá el precio relativamente bajo de los productos ecológicos responda a la necesidad de atraer a un sector de consumidores que de otra forma no se gastaría los cuartos en los establecimientos de la cadena. Eso sí, cada vez que compro el detergente ecológico el establecimiento me "regala" un descuento para comprar uno de marca que sigue resultando más caro incluso con esa promoción.

¿Se puede vivir sin plástico?

Mira a tu alrededor ¿qué ves? Plástico, plástico, plástico y más plástico. Sí, quizá tengas ideas para reutilizarlo o te quedes bastante tranquilo cuando lo depositas en el contenedor amarillo para que pueda ser reciclado. Pero…, ¿podrías eliminar los envases de usar y tirar de tu vida?

Patri y Fer[26] están en ello. Hace algo más de un año tomaron la decisión de eliminar el plástico desechable de sus vidas. Se comprometieron con la primera y más importante de las 3R de los residuos: la reducción. He quedado con ellos para compartir inquietudes y consultarles algunas dudas. No sé si estoy preparado, pero quiero saber cómo es la vida sin plásticos.

Lleváis un año desde que empezasteis con vuestra iniciativa, ¿se puede vivir sin plástico?

Sí se puede vivir sin plástico desechable, sólo es cuestión de proponérselo. Aunque puedan hacer nuestras compras un poco más "cómodas", ni nos hacen más felices, ni nos solucionan la vida, ni nos aportan más que peso y espacio en nuestra bolsa del reciclaje (o de la basura).

Después de un año intentando evitarlos nuestra vida no es muy diferente. En todo caso ha pasado a ser más creativa y divertida al haber tenido que buscar alternativas a los productos que vienen envasados en plástico. Y si nosotros estamos pudiendo… cualquiera puede.

Un tercio de la producción mundial de plástico se utiliza para envases que se van a tirar en menos de un año. ¿Tiene algún sentido utilizar un material no biodegradable, cuyas características son su larga resistencia y durabilidad para esto? Sólo con pensar en ello se nos quitan las ganas de usarlo.

Vivir completamente sin plástico ya sería otra cosa, no estamos dispuestos a renunciar a nuestros móviles, ordenadores o medios de transporte modernos. Además el plástico cuando se usa con sentido común es un material maravilloso y muy democrático. Ha conseguido que muchos de los productos que antes no nos podíamos permitir sean accesibles a la gran mayoría de la población.

¿Cómo tomáis conciencia del problema de los residuos plásticos hasta llegar a asumir el compromiso de eliminar el plástico desechable de vuestro día a día?

Nunca nos sentíamos bien cuando tirábamos los envases en el contenedor de reciclaje. Pensábamos que estábamos generando demasiados residuos no biodegradables. Sabíamos que el papel, el vidrio o los metales eran más fáciles de reciclar, pero con el plástico siempre teníamos dudas sobre lo que sería de ellos, así que por ponerlos en el reciclaje no significaba que se nos quedase la conciencia tranquila.

Descubrimos en internet que había personas que vivían sin generar nada de basura, como Lauren Singer de Trash is for Tossers[27], así que pensamos que si ellos podían, ¿por qué no nosotros? Tras meditarlo un tiempo comprendimos que quizá iba a ser demasiado, por lo que decidimos empezar con el material que menos nos gustaba, el plástico.

Sólo con pensar en eliminarlo nos ayudó a ser más conscientes de lo presente que estaba en nuestras vidas y a comprender que estábamos plastificados. Así que decidimos que había llegado el momento de hacer algo al respecto.

Supongo que una de las cosas que hacéis ahora a diario es pensar de qué están hechas las cosas que utilizáis. ¿Con cuántos objetos de plásticos se puede topar una persona al día? ¿Hay algún plástico que

habéis descubierto que no os planteasteis antes que estuviese allí?

Hace un tiempo hicimos el experimento de contar todos los objetos de plástico que tocamos en su día[28] y fueron entre 80-85 objetos distintos. Y eso fue cuando ya estábamos "viviendo sin plástico"

Al principio en nuestra ignorancia, pensábamos que los tetra pack eran de cartón y aluminio y que sólo tenían la boquilla de plástico, o que los vasos de "cartón" desechables de café no llevaban plástico, ni las latas de bebida, las latas de conservas, las bolsitas de infusiones, las pegatinas de la fruta, el interior de las chapas de las botellas, los recibos de las cajas de las tiendas, la mayoría de las prendas de ropa... En fin, nos es imposible enumerar todos los sitios donde se esconde el plástico que desconocíamos.

Además de esto luego te ponen objetos de plástico cuando menos te lo esperas, por ejemplo, hace poco pedimos en un restaurante una hamburguesa y venía con un palillo para unir todas las "capas" y ese palillo era de madera, pero tenía de adorno una mariposa bastante grande, ¿a qué no adivinas de qué material?

A parte del plástico desechable de productos de usar y tirar, ¿hacéis algo para evitar otros tipos de plástico?

De momento estamos intentando evitar todo tipo de plástico y lo estamos consiguiendo, pero claro llevamos un año. No nos ha hecho falta ni cambiar de móvil, ni de ordenador y ni siquiera de auriculares.

Pero llegará el día en que nos haga falta y... tendremos que pasar por el aro. Una opción puede ser comprar de segunda mano y por lo menos utilizar algo que ya estaba previamente fabricado.

Lo bueno es que todo esto nos está ayudando a valorar mucho más nuestras cosas y a tratarlas con más cuidado. A unos simples auriculares los tratamos con muchísimo mimo, queremos que nos duren lo máximo posible para así evitar residuos innecesarios.

En un modelo de consumo que abusa del envase de usar y tirar. ¿Es posible hacer la compra sin utilizar ni incluir plásticos? ¿Exige poner mucha atención?

En nuestro caso es totalmente factible. Pero hay que entender que depende de dónde vivas, tus necesidades, condiciones familiares... cada persona tiene una situación diferente, pero en cualquier caso todos podemos reducir muchísimo el uso del plástico.

Sí requiere un poco de atención, porque te cuelan un plástico cuando menos te lo esperas. Al principio, íbamos a comprar un poco estresados, por mucho interés que poníamos en evitarlo al final siempre traíamos algo a casa. Recuerdo un frutero que, por mucho que le insistimos, nos acabó poniendo una bolsa "para que vayan las cosas más ordenaditas". Nunca comprendimos su sentido del orden.

Luego, poco a poco, todo fue cambiando, ya no vamos tan estresados y hemos dejado de tener esos problemas. Hemos aprendido a ser mucho más tajantes, al mismo tiempo que educados (o eso creemos, aunque a veces las miradas matan) y a llevar nuestras cosas ordenaditas a casa sin plástico.

Cuando te habitúas ya todo sale rodado, sólo se trata de crear el nuevo hábito. Nosotros ahora hacemos la compra básica en tiendas a granel y en fruterías o tiendas de barrio. Además cuando vas siempre a los mismos sitios al final te acaban conociendo y ni te preguntan. Bueno, sí que te preguntan, pero es sobre esas bolsas de tela tan chulas que llevas. Y te acaban hablando del sinsentido de usar tanto plástico. Y es que, lo usen o no, a casi nadie le gusta.

En el ámbito laboral, ¿Se nota mucho la diferencia? Por ejemplo a la hora del almuerzo o el café.

La verdad es que somos muy discretos, en nuestros trabajos hay muy pocas personas que saben de nuestra iniciativa de vivir sin plástico. Se puede pasar perfectamente desapercibido.

Está claro que saben que somos personas con inquietudes medioambientales, por pequeños detalles como utilizar el menos papel posible, o botellas reutilizables o tener mucho cuidado con los recursos que utilizamos, pero no hemos explicado que evitamos el plástico.

Si hay una celebración en la oficina y sacan los típicos vasos desechables, nadie se extraña si sacamos nuestro propio vaso para beber vino. Al revés, te miran con envidia, a nadie le gusta beber o comer en vasos o platos de plástico.

Si salimos fuera, nunca vamos a sitios en donde utilizan desechables, es mucho más fácil de evitar de lo que parece. Y siempre puedes poner la disculpa de que no te gusta ese tipo de comida, porque la gran mayoría de las veces es verdad.

Y cuando se sale de casa, ¿Qué pasa en las celebraciones donde las cuberterías de usar y tirar suelen ser la norma? ¿Son compatibles las fiestas y otros eventos sociales con la renuncia al plástico?

Evitar las cuberterías de usar y tirar es la parte fácil. Si sabemos o creemos que sólo va a ver vasos y platos desechables nos llevamos unos reutilizables de casa.

Lo complicado viene cuando por ejemplo se hace una compra conjunta. No podemos, ni pretendemos, imponer nuestra forma de comprar al resto, pero tampoco queremos que el resto nos la imponga a nosotros.

En general, intentamos relajarnos un poco, a veces tomamos unas cervezas en lata, pero seguimos evitando nada que venga envasado en plástico. Si alguien del grupo cocina cosas que han comprado en plástico hacemos un poco la vista gorda y disfrutamos del plato.

Lo mismo ocurre cuando vamos a visitar a la familia, no podemos controlar como venían envasados los ingredientes que utilizan para cocinar (es de imaginar que muchos han sido comprados en plástico), y tampoco podemos, ni queremos, hacer una auditoría a sus cocinas. Así que lo mismo, disfrutamos de la comida y punto.

Por cierto, ¿Qué tenéis en contra de las pajitas?

Uy, has tocado un tema que nos afecta mucho. Es como si fueran invisibles. Cuando se habla de reducir el uso del plástico todo el mundo piensa en las bolsas, las botellas, los vasos y cubiertos desechables... pero nadie habla de las pajitas. Y si, son muy pequeñas, pero muy matonas. Por su tamaño y forma es muy fácil que acaben en los ríos o en el mar y causan daño a muchos animales.

Sólo en Estados Unidos se utilizan 500 millones de pajitas diariamente, que si las pones en línea darían dos veces y media la vuelta a la tierra. Y eso cada día. Imagínate en diez años ¡La Tierra podría parecer Saturno!

Y, por suerte, la gran mayoría de nosotros no necesitamos utilizarlas, pero si pides un zumo o cóctel te ponen una o dos en el vaso sin pestañear. Quedan de lo más mono, qué más da si las vas a utilizar o no, decoran.

Son un símbolo del plástico desechable, innecesario, contaminante, dañino y socialmente aceptado, pero que no aporta absolutamente nada.

¿Qué pasa son los chicles, caramelos, piruletas…?

Jeje, menos mal que no nos gustan. Cuando empezamos un día me ofrecieron un chicle y pensando que quizá era porque me olía mal el aliento (truco habitualmente utilizado) lo acepte sin darme cuenta que me estaba metiendo un cacho de plasticorro en la boca. Nunca más.

¿Qué opináis de la locura colectiva al inicio de curso cuando todas las madres deciden forrar todos los libros de sus hijos por mucho que ya no puedan reutilizarse ni vayan a salir nunca del aula?

Fíjate que ni habíamos pensado en eso. A nosotros nos forraban los libros cuando éramos pequeños (porque se pasaban entre hermanos, primos y vecinos) y era como una tradición de la vuelta al cole. Pero ahora que hay cuadernillos de ejercicios y que cambian los libros tan a menudo no tiene ningún sentido.

Mi cepillo de dientes es de plástico lo mire por donde lo mire y tengo otros muchos ejemplos en el cuarto de baño, desde el mango de la cuchilla de afeitar, botes de gel y champú…, ¿la higiene está reñida con la vida sin plástico?

(Patri) El mío también y además eléctrico. No es cuestión de tirar todos los objetos de plástico que tienes en casa, sino de ir sustituyéndolos poco a poco a medida que tengas que reemplazarlos.

El cuarto de baño es uno de los sitios donde hay más envases de plástico que por suerte son fáciles de evitar. Una buena pastilla de jabón puede sustituir cualquier gel. Y si alguien considera que su vida no va a ser la misma sin gel, cada vez hay más tiendas donde venden champú y gel a granel.

También se pueden encontrar champús sólidos (en pastilla). Si lo piensas el primer ingrediente de la gran mayoría de geles y champús es agua. ¿Para qué pagar y cargar con algo que ya tienes en tu cuarto de baño? Qué nos den el resto, que es lo que necesitamos, el agua ya la ponemos nosotros.

El dentífrico lo hacemos en casa, así como el desodorante (y funciona, de momento, nadie se ha quejado). El cepillo de dientes se puede encontrar de madera de bambú. El primero que compramos no tenía nada de plástico pero las cerdas eran durísimas, así que por la salud de nuestras encías decidimos comprar unos también de bambú pero con las cerdas de plástico (que nos perdonen los puristas).

Maquinillas de afeitar todavía tenemos las mismas que teníamos de plástico (lo que pueden llegar a durar si las apuras), pero ya están pidiendo a gritos la jubilación, por lo que compraremos maquinillas de metal que llevan las típicas cuchillas tradicionales.

Y para hidratarnos utilizamos aceites que vienen envasados en vidrio.

¿A que no es tan difícil?

¿Sería una solución sustituir el plástico por biopolímeros, como bolsas elaboradas a partir de patata o botellas hechas con materiales extraídos de maíz y que se nos presentan como compostables?

Cada vez se está investigando más y se supone que el futuro de los plásticos va por ahí, pero nosotros no creemos que sea la solución. En la actualidad, esos plásticos sólo se compostan bajo unas condiciones especiales, con una temperatura alta y una determinada humedad.

Estas condiciones sólo se dan en las plantas de compostaje industrial, y no en un compost casero o si son abandonados a su suerte en el medio ambiente, así que entre otras cosas no solucionan el problema de contaminación medioambiental. Aunque en ciertos casos podrían ser útiles, por ejemplo para las bolsas de la basura orgánica en los ayuntamientos que la separan para su posterior compostaje.

Además, estos plásticos están hechos de alimentos, por lo que se tendrían que cultivar para su producción, y no parece lógico ni ético que en un mundo sobreexplotado con personas que pasan hambre se utilicen alimentos para producir envases.

Lo que habría que hacer es acabar (o reducir al máximo posible) el sobreenvasado y la filosofía de usar y tirar.

¿Qué ha sido lo más duro de este año sin plástico? ¿Y lo más gratificante?

En un principio nos costó un poco romper con la rutina y buscar alternativas a todo lo que comprábamos con plástico, pero una vez nos habituamos todo se volvió de lo más sencillo, ahora la verdad es que ni nos damos cuenta de que lo estamos evitando.

Para nosotros lo más difícil son las relaciones sociales. Somos bastante tímidos y muchas veces no nos apetece dar explicaciones, sobre todo cuando estás con personas que no conoces, o grupos grandes.

Lo más gratificante es comprobar que ya no tienes que poner casi nada en el contenedor de reciclaje, de vez en cuando un poco de papel y algo de vidrio, pero casi nada. Y el saber que tus actos están en consonancia con tus pensamientos.

También el recibir mensajes de gente que ha decidido reducir el plástico al leer nuestro blog, porque nos hace ver que nuestras acciones por pequeñas y personales que sean pueden tener un eco en otras personas.

Por último y no menos importante... en un mundo dominado por redes sociales, muchas centradas en

fotografía o vídeo, ¿Por qué habéis elegido el blog como medio para compartir vuestra experiencia?

Nos gusta mucho la fotografía y el vídeo, pero también las palabras. Siempre puedes sacar unas horas a la semana para escribir, pero para hacer vídeos necesitaríamos más tiempo. Además, no somos especialmente dicharacheros delante de las cámaras, se nos hace raro vernos y oírnos desde fuera. El formato del blog nos permite acercarnos de una forma más distendida a los seguidores. Las redes como instagram o youtube las vemos como un complemento al blog.

Muchas gracias por vuestro tiempo y, sobre todo, por un ejemplo inspirador. Espero que como mínimo nos invite a reflexionar sobre la necesidad de revisar nuestras pautas de consumo y nos ayude a comprometernos con la reducción de la cantidad de residuos que generamos

Diez razones (o más) para prohibir las pinzas de plástico

Propongo una nueva cruzada ambiental que deberíamos librar urgentemente. Está, ciertamente, inspirada en la guerra contra las bolsas de plástico de un sólo uso, que tanto ha dado que hablar. Pero vamos al grano: ¿por qué deberíamos prohibir las pinzas de plástico para tender?

- **Consumen un recurso fósil escaso**: el petróleo. Cada vez nos cuesta más obtenerlo y hay un montón de usos para los que no tenemos sustitutos. Quemarlo para obtener energía o emplearlo para hacer pinzas de plástico supone un despilfarro, frente a la necesidad de materiales médicos y otros polímeros que no pueden ser sustituidos fácilmente.

- La vida útil de las pinzas de plástico es bastante corta. Sujetar ropa tendida expone a las pinzas a la humedad, al sol, al viento, al calor, al frío... Sí, los plásticos no son biodegradables, pero la integridad de las pinzas de plástico peligra a medida que pasa el tiempo, liberando al medio trozos que irán haciéndose más pequeños y peligrosos para la fauna a lo largo que pasa el tiempo.

- **Se rompen en el momento más inoportuno,** incluso las que venden con pretendida resistencia a la radiación ultravioleta. Puede ocurrir cuando la estamos abriendo para tender la ropa, o justo cuando un golpe de viento agita la toalla que cuelga peligrosamente del tendedero.

- No hay sistemas integrados de gestión del residuo. Una vez rota la pinza, ¿quién se hace cargo de los trozos de plástico? ¿Los tiramos al contenedor amarillo? ¿Qué pasa con los fragmentos que han saltado a la calle y quedan a merced de las aguas de escorrentía?

- Entre las toneladas de plástico de la isla de basura seguro que unas cuantas son de trozos de pinzas de plástico rotas o, peor todavía, despreciadas por un vago propietario que no las buscó tras una aventura de caída libre.

- La alternativa, las pinzas de madera, proviene de un recurso renovable y ofrece la posibilidad de retener una pequeña cantidad de dióxido de carbono en nuestros tendederos.

* Con una gestión forestal sostenible, los productos de madera pueden ayudar a conservar los bosques y a mantener actividad que permita mantener población en el medio rural.

* Originalmente las pinzas eran totalmente de madera y también sujetaban la ropa.

* Las pinzas de madera dan más juego a la hora de hacer manualidades, a pesar de la diversidad de pinzas de plástico, digna de análisis.

* Acabar con las pinzas de plástico pondría fin a las interminables discusiones sobre si deben alternarse o no distintos colores en la misma prenda o en prendas contiguas a lo largo del tendedero.

* Si las pinzas de madera te parecen aburridas siempre las puedes tunear.

Así las cosas, siendo consciente de lo acuciante de esta causa y la necesaria colaboración de todos, quizá esta lista de razones para prohibir las pinzas de plástico se queda corta. ¿Cuáles son las tuyas?

28 criterios que hacen tu ropa ecológica

El programa de Jordi Évole Salvados "Fashion Victims"[29] llamó la atención sobre el problema el fenómeno del "Fast Fashion", una expresión más sobre el modelo de consumo insostenible que nos tiene inmersos en una crisis ambiental, social y económica de la que es difícil salir.

Con una estratégica campaña en redes sociales, #EnseñaTuEtiqueta[30], no sólo creó la expectativa necesaria para que un gran número de espectadores viesen el programa, también interesó a miles de personas sobre la procedencia de su ropa.

No es una cuestión trivial: agotamiento de recursos naturales, utilización de sustancias químicas peligrosas, explotación de mano de obra sin derechos, emisiones de efecto invernadero... tener a nuestra disposición ropa barata fabricada en cualquier rincón del mundo tiene consecuencias más allá de verse guapo.

El precio, la información básica que todo consumidor incluye a la hora de decidirse por un determinado producto, oculta muchos datos sobre el coste de nuestras compras.

El problema no es nuevo. Ni la demanda de soluciones. Así, hace décadas que la Unión Europea puso a disposición de todos los agentes implicados el sistema de Etiquetado Ecológico[31] (EcoEtiqueta o Ecolabel[32]): un distintivo que garantiza un mínimo de **información sobre el comportamiento ambiental de un determinado producto o servicio.** Esa garantía institucional de cara al consumidor concienciado debería suponer una **ventaja competitiva al comerciante.** Lo que no necesariamente implica un precio mayor: en ocasiones lo ecológico también es más barato.

Así pues, determinados productos o servicios pueden acceder a la etiqueta ecológica europea si cumplen criterios reglamentarios relacionados con los objetivos europeos en materia de medio ambiente y ética, referidos a:

- el **impacto** de los bienes y servicios en el cambio climático, la naturaleza y la biodiversidad, el consumo de energía y de recursos, la generación de residuos, la contaminación, las emisiones y los residuos de sustancias peligrosas en el medio ambiente;

- la sustitución de las sustancias peligrosas por otras más seguras;

- el carácter sostenible y la posibilidad de **reutilización** de los productos;

- el impacto final en el medio ambiente, lo cual incluye la salud y la seguridad de los consumidores;

- el respeto de las **normas sociales y éticas**, como la normativa internacional sobre el trabajo;

- la consideración de los criterios de otras etiquetas a escala nacional o regional;

- la reducción de la experimentación con animales.

Por otro lado, **la ecoetiqueta no puede concederse a productos que contengan sustancias clasificadas como tóxicas, peligrosas para el medio ambiente, carcinógenas o mutágenas.**

En particular, para el caso de productos textiles, el acceso a la Etiqueta Ecológica Europea implica considerar 28 criterios recogidos en la *Decisión de la Comisión, de 5 de junio de 2014, por la que se establecen los criterios ecológicos para la concesión de la etiqueta ecológica de la UE a los productos textiles*[33].

Esta *Decisión 2014/350/UE*, que viene a establecer una versión revisada de los criterios ecológicos previamente vigentes y adaptarlos al estado actual del mercado respecto a esta categoría de productos teniendo en cuenta la innovación en el sector, define como "productos textiles":

- **prendas de vestir y accesorios textiles:** ropa y accesorios cuyo peso esté constituido, al menos en un 80 %, por fibras textiles en forma tejida, no tejida o de punto;

- **textiles de interiores:** productos textiles para interiores cuyo peso esté constituido, al menos en un 80 %, por fibras textiles en forma tejida, no tejida o de punto;

- **fibras, hilados, tejidos y paneles de punto:** destinados a prendas de vestir y accesorios textiles y textiles de interiores, incluidos los tejidos de tapicería y el cutí para colchones antes de la aplicación de refuerzos y tratamientos asociados al producto acabado;

- **elementos sin fibras:** cremalleras, botones y otros accesorios incorporados al producto; membranas, recubrimientos y laminados;

- **productos de limpieza:** productos textiles tejidos o no tejidos destinados a la limpieza en húmedo o en seco de superficies y al secado de artículos de cocina.

Para ellos considera los siguientes 28 criterios:

- <u>**Fibras textiles:**</u> en esta sección se establecen criterios específicos respecto al origen y las características de las fibras que pueden utilizarse en los textiles que optan a la ecoetiqueta. Se limitan las emisiones al aire de sustancias sintéticas en el lugar de trabajo durante la polimerización y el hilado. Otros requisitos particulares para cada tipo de fibra son:

1. **Algodón y demás fibras celulósicas naturales de semillas:** se fija un contenido mínimo de algodón ecológico (al menos un 95 % en camisetas, top de mujer, camisetas deportivas, pantalones vaqueros, pijamas y prendas para dormir, ropa interior y calcetines) y de algodón obtenido mediante gestión integrada de plagas. También se establecen restricciones al uso de productos fitosanitarios.

2. **Lino y demás fibras liberianas:** se enriará en condiciones ambientales y sin consumo de energía térmica.

3. **Lana y demás fibras queratínicas:** se establecen requisitos como, entre otros, la utilización de sistemas cerrados de circulación de agua sin evacuación de aguas residuales en las instalaciones de desgrasado de lana, que deberán ser capaces de descomponer los ectoparasiticidas presentes en los residuos y lodos del desgrasado.

4. **Fibras acrílicas:** establece límites a las emisiones a la atmósfera de acrilonitrilo.

5. **Elastano:** se prohíbe el uso de compuestos organoestánnicos para la fabricación de las fibras.

- 6. **Poliamida (nailon):** se condiciona la incorporación de material reciclado (las fibras se fabricarán con un contenido mínimo de un 20 % de nailon reciclado de residuos preconsumo o postconsumo) y se limitan las emisiones de N_2O de la producción de monómeros.

- 7. **Poliéster:** incentiva la utilización de fibras de poliéster fabricadas a partir de botellas de PET.

- 8. **Polipropileno:** excluye el uso de pigmentos a base de plomo.

- 9. **Fibras de celulosa artificiales (lyocell, modal y viscosa):** la decisión establece subcriterios para la producción de pasta (como que al menos el 25 % de las fibras de pasta se fabricará a partir de madera obtenida de acuerdo con los principios de la gestión sostenible de los bosques o que la pasta utilizada para la fabricación de fibras se decolorará sin utilizar cloro elemental), para la producción de fibras (como límites para el contenido de azufre de las emisiones a la atmósfera de compuestos de azufre procedentes de los procesos de producción de fibras).

- **Componentes y accesorios:**

  - 10. **Productos de relleno:** por ejemplo, se pide aplicar a las fibras los criterios anteriores o que los detergentes y demás productos químicos utilizados para el lavado de los productos de relleno (plumón, plumas, fibras naturales o sintéticas) cumplan los requisitos de sustancias restringidas.

- 11. **Recubrimientos, laminados y membranas**: se determina que cumplan los criterios aplicables para los polímeros que contengan.
- 12. **Accesorios**: se establecen sustancias restringidas para los componentes metálicos y plásticos, tales como cremalleras, botones y corchetes.

* <u>**Procesos y productos químicos**</u>: criterios técnicos sobre sustancias, eficiencia energética, consumo de recursos y otros impactos ambientales aplicables a las distintas fases de producción: hilado, fabricación de tejido, pretratamiento, teñido, estampado, acabado, corte, confección o ribeteado.

- 13. Lista de sustancias restringidas (RSL).
- 14. Sustitución de sustancias peligrosas en el teñido, estampado y acabado.
- 15. Eficiencia energética de lavado, secado y curado.
- 16. Tratamiento de las emisiones a la atmósfera y al agua.

* <u>**Idoneidad de uso**</u>: en este grupo se incluyen criterios relacionados con lo que ocurre con la prenda mientras la utilizamos. Están enfocados a que el textil siga cumpliendo la función para la que lo compramos de una manera satisfactoria y sin liberar sustancias que puedan afectar a nuestra salud o a los ecosistemas.

- 17. **Variaciones dimensionales durante el lavado y secado:** límites relativos a cuanto se puede dar de sí o encoger cada tipo de prenda, desde un 2 % para cortinas y tapicería hasta un 8% para calcetines.
- 18. Solidez de los colores en el lavado.
- 19. Solidez de los colores a la transpiración (ácida, alcalina).
- 20. Solidez de los colores al frote húmedo.
- 21. Solidez de los colores al frote seco.
- 22. Solidez de los colores a la luz.
- 23. Resistencia de los productos de limpieza al lavado.
- 24. Resistencia de los tejidos a la formación de bolitas y a la abrasión.
- 25. Durabilidad funcional.

- **<u>Responsabilidad social de las empresas:</u>** estos criterios, relacionados con las condiciones de la mano de obra que produce nuestras prendas, se aplican a las fases de producción relacionadas con el corte, confección y ribeteado de los productos textiles.

  - 26. **Principios y derechos fundamentales en el trabajo:** todos los emplazamientos de producción utilizados para la fabricación de los productos bajo licencia acatan los principios y derechos fundamentales en el lugar de trabajo descritos en las normas laborales básicas de la OIT, en el Pacto Mundial de las Naciones Unidas y en las directrices de la OCDE para las empresas multinacionales. A efectos de verificación de las siguientes normas laborales básicas de la OIT, se hará referencia a:

029 Trabajo forzoso

087 Libertad sindical y protección del derecho de sindicación

098 Derecho de sindicación y de negociación colectiva

100 Igualdad de remuneración

105 Abolición del trabajo forzoso

111 Discriminación (empleo y ocupación)

155 Seguridad y salud de los trabajadores

138 Convenio sobre la edad mínima

182 Prohibición de las peores formas de trabajo infantil y acción inmediata para su eliminación

27. **Restricción del uso de chorro de arena para el desgaste de tela vaquera**: no se permitirá la utilización del chorro de arena (sandblasting) manual y mecánico para conseguir un acabado desgastado de la tela vaquera.

Información complementaria

28. **Información que debe figurar en la etiqueta ecológica**: se regula la información que puede dirigirse al consumidor en función del cumplimiento de los criterios anteriores y cómo aparecerá para que sea clara y no resulte engañosa.

Así pues, si queremos asegurarnos de que nuestra compra de ropa no contribuye al "Fast Fashion" y buscamos garantías de durabilidad, bajo impacto o deseamos contribuir a la sostenibilidad con nuestra compra, la opción es clara: buscar la etiqueta ecológica en las prendas que vamos a vestir. ¿Buscamos en el catálogo de la Etiqueta Ecológica?

Por supuesto, en el mercado existen otras alternativas verdes a la etiqueta ecológica. Muchas muy válidas, otras más esotéricas, pero si no vienen certificadas corremos el riesgo de caer víctimas del greenwashing.

Ya sabemos cómo es una tablet ecológica

La Unión Europea ha actualizado los criterios de concesión de etiqueta ecológica para ordenadores[34]. No sólo ha revisado la lista existente desde 2001 para ordenadores personales y portátiles, también la hace extensible a otros muchos dispositivos cuyo uso se ha extendido y generalizado desde la anterior actualización en 2005, excluyendo expresamente consolas de juego y los marcos de visualización digital.

El objetivo es promover productos con un impacto ambiental más reducido, una alta eficiencia energética, que sean duraderos, reparables y actualizables, que puedan desmontarse sin dificultad y cuyos recursos puedan recuperarse fácilmente para reciclarlos al final de su vida útil, así como que tengan una presencia restringida de sustancias peligrosas.

Los criterios ecológicos también pretenden promover la dimensión social del desarrollo sostenible, incluyendo requisitos respecto a las condiciones laborales en las plantas de montaje final, haciendo referencia a la Declaración tripartita de principios sobre las empresas multinacionales y la política social de la Organización Internacional del Trabajo (OIT)[35], el Pacto Mundial[36] y los Principios Rectores sobre las empresas y los derechos humanos de las Naciones Unidas[37], así como a las directrices de la OCDE para las empresas multinacionales[38].

A partir de esta actualización, los criterios ecológicos para la concesión de la etiqueta ecológica de la UE a los ordenadores personales, los ordenadores portátiles y los ordenadores tableta pueden ser **de aplicación a los siguientes dispositivos:**

- **Ordenador:** dispositivo que realiza operaciones lógicas y procesa datos y que incluye normalmente una unidad central de procesamiento (CPU) para realizar operaciones o, si no está presente una CPU, debe funcionar como pasarela de clientes hacia un servidor informático que actúa como unidad de procesamiento computacional. Aunque los ordenadores pueden utilizar dispositivos de entrada, como un teclado, un ratón o un panel táctil, y enviar información a una pantalla, no se exige que esos dispositivos vayan incluidos con el ordenador a la salida de fábrica.

- **Ordenadores de mesa:** ordenador cuya unidad principal está diseñada para permanecer en la misma ubicación, no está diseñado para ser portátil y utiliza una pantalla de ordenador, un teclado y un ratón externos. Puede ser de uso en el hogar o de oficina.

- **Ordenadores de mesa integrados:** sistema de mesa en que el ordenador y la pantalla están integrados en una sola carcasa, funcionan como una sola unidad y están conectados a la fuente de alimentación de corriente alterna a través de un solo cable.

- **Pequeño servidor:** se diseña principalmente como ordenador central de almacenamiento al servicio de otros ordenadores. Los pequeños servidores están diseñados para realizar funciones tales como el suministro de servicios de infraestructura de red y el alojamiento de datos o contenidos. Esos productos no están diseñados para procesar información para otros sistemas ni para ejecutar servidores web como función principal.

- **Ordenadores portátiles todo en uno:** dispositivo informático diseñado con una portabilidad limitada que cumple todos los criterios siguientes: dispone de una pantalla integrada con una diagonal de pantalla superior o igual a 17,4 pulgadas; carece de teclado integrado en la carcasa física del producto en su configuración de fábrica; incluye una pantalla táctil como periférico principal de entrada de datos (con teclado opcional); dispone de una conexión inalámbrica a la red; tiene una batería interna, pero está diseñado principalmente para conectarse a una fuente de alimentación de corriente alterna.

- **Ordenador portátil:** ordenador diseñado específicamente para ser portátil y funcionar durante largos períodos de tiempo con y sin conexión directa a una fuente de corriente alterna. Los ordenadores portátiles utilizan una pantalla integrada, un teclado mecánico no desmontable (con teclas físicas amovibles) y un dispositivo de puntero, y pueden alimentarse de una batería recargable integrada o de otra fuente de energía portátil. Los ordenadores portátiles normalmente se diseñan para ofrecer una funcionalidad semejante a la de los ordenadores de mesa, incluida la utilización de software semejante en funcionalidad. También se incluyen en esta definición los **ordenadores portátiles que tienen una pantalla táctil reversible**, pero no desmontable, y un teclado físico integrado.

- **Ordenador portátil dos en uno:** ordenador semejante a un ordenador portátil, pero con una pantalla táctil desmontable que puede utilizarse como ordenador tableta independiente.

- **Miniordenador portátil:** tipo de ordenador portátil con un grosor de menos de 21 mm y un peso inferior a 1,8 kg. El grosor de los ordenadores dos en uno con forma de miniordenador es inferior a 23 mm. Llevan incorporados procesadores de bajo consumo y unidades de estado sólido. No suelen tener incorporados lectores de discos ópticos.

- **Ordenador tableta** (ordenador pizarra): dispositivo informático diseñado para ser portátil que cumple todos los criterios siguientes: dispone de una pantalla integrada con una diagonal de pantalla superior a 6,5 pulgadas e inferior a 17,4 pulgadas; no lleva incorporado un teclado físico integrado en su configuración de fábrica; incluye una pantalla táctil como periférico principal de entrada de datos (con teclado opcional); dispone de una conexión inalámbrica a la red (por ejemplo, Wi-Fi, 3G, etc.); incluye como fuente principal de alimentación una batería recargable interna.

- **Cliente ligero**: ordenador alimentado de forma independiente que depende de una conexión a recursos informáticos remotos para obtener funcionalidad primaria. Sus principales funciones informáticas se realizan a través de recursos informáticos remotos.

- **Cliente ligero integrado**: cliente ligero cuya pantalla y hardware están conectados a la fuente de alimentación de corriente alterna a través de un solo cable. Los clientes ligeros integrados pueden ser un sistema en que la pantalla y el ordenador están físicamente integrados en una sola unidad, o un sistema en que la pantalla está separada, pero conectada a la estructura principal mediante un cable de corriente continua, y una sola fuente de alimentación suministra energía tanto al ordenador como a la pantalla.

- **Cliente ultraligero**: ordenador con menos recursos locales que un cliente ligero normal, que envía entradas brutas de teclado y de ratón a un recurso informático remoto y recibe en respuesta vídeo bruto del recurso informático remoto. Los clientes ultraligeros no pueden conectarse con varios dispositivos simultáneamente ni ejecutar aplicaciones remotas de ventana porque en el dispositivo no hay un sistema operativo del cliente discernible para el usuario.

- **Cliente ligero móvil**: ordenador que se ajusta a la definición de cliente ligero pero está diseñado específicamente para ser portátil y responde también a la definición de ordenador portátil.

- **Estación de trabajo**: ordenador de alto rendimiento y de un solo usuario que normalmente se utiliza para tareas que necesitan muchos recursos de computación, como gráficos, diseño asistido por ordenador (CAD), desarrollo de software y aplicaciones financieras y científicas, entre otras.

Los criterios para la concesión de la etiqueta ecológica de la UE a los ordenadores personales, los ordenadores portátiles y los ordenadores tableta se agrupan en seis categorías:

- **Consumo de energía**: considerando el consumo total de energía del ordenador, la gestión del consumo eléctrico, las capacidades de gráficos, las fuentes de alimentación internas y pantallas de rendimiento mejorado.

- **Sustancias y mezclas peligrosas presentes en el producto, los subconjuntos y los componentes:** contemplando restricciones aplicables a las sustancias extremadamente preocupantes[39], a la presencia de sustancias peligrosas específicas y restricciones basadas en clasificaciones de peligro del Reglamento CLP[40].

- **Prolongación de la vida útil**: incluye aspectos como ensayos de durabilidad de los ordenadores portátiles; calidad y vida útil de la batería recargable; fiabilidad y protección de la unidad de almacenamiento de datos; posibilidad de actualización y reparación.

- **Diseño, selección de materiales y gestión al final de la vida útil**: destacando la selección de materiales y compatibilidad con el reciclado; el diseño para el desmontaje y el reciclado

- **Responsabilidad social de la empresa**: en relación al abastecimiento responsable de minerales y las condiciones laborales y derechos humanos durante la fabricación

- **Información al usuario**: sobre las instrucciones de uso y la información que deberá figurar en la etiqueta ecológica de la UE.

¿Cómo es una tablet ecológica?

Rescatando las principales características recogidas en la *Decisión (UE) 2016/1371 de la Comisión, de 10 de agosto de 2016, por la que se establecen los criterios ecológicos para la concesión de la etiqueta ecológica de la UE a los ordenadores personales, los ordenadores portátiles y los ordenadores tableta*[41], deberá:

- Cumplir criterios de eficiencia energética.
- Contar con funciones de gestión del consumo eléctrico configuradas por defecto.

* Ajustar automáticamente el brillo de la imagen a las condiciones de la luz ambiente.

* Contar con presencia restringida de sustancias peligrosas.

* Haber superado ensayos de durabilidad relacionados con caída accidental y resistencia de la pantalla.

* Tener una **batería recargable que la haga funcionar durante un mínimo de 7 horas tras la primera carga completa** y que mantendrá el 80 % de su capacidad inicial mínima declarada tras 1.000 ciclos de carga. Se podrá extraer y en el manual de reparación o en el sitio web del fabricante dispondrás de explicaciones sencillas para retirar las baterías recargables.

* Traer una garantía comercial mínima de dos años por baterías defectuosas.

* Permitir que los siguientes **componentes sean fácilmente accesibles y reemplazables utilizando herramientas universales**: unidades de almacenamiento de datos (unidad de disco duro, SSD o eMMC), memoria (RAM), conjunto de pantalla y unidades de retroiluminación LCD (si están integrados), teclado y panel táctil (en su caso).

* Incluir **instrucciones claras para el desmontaje y la reparación**, de modo que pueda desmontarse sin daños a fin de sustituir componentes o piezas esenciales para su actualización o reparación.

* Indicar dónde dirigirte para encargar a profesionales el mantenimiento y la reparación, con datos de contacto.

- Disponer durante al menos cinco años después de que deje de fabricarse el modelo, de piezas originales o de **piezas de recambio compatibles**, incluso en el caso de las baterías recargables.

- Ofrecer sin coste adicional una **garantía de por lo menos tres años**, efectiva desde la compra del producto. Esa garantía incluirá un acuerdo de servicio con la opción para el consumidor de recogida y devolución o de reparación in situ.

- Identificar y marcar las piezas de plástico con un peso superior a 25 gramos.

- Evitar pinturas, revestimientos, materiales ignífugos y sus sinergistas que reduzcan la reciclabilidad de carcasas, cajas y armazones de plástico.

- Tener un **contenido mínimo del 10 % de plástico reciclado postconsumo**, medido como porcentaje del plástico presente en el producto.

- Superar ensayos de desmontaje para la fácil extracción de componentes del producto con fines de reciclado.

- Carecer de estaño, tantalio, wolframio y oro originarios de zonas de conflicto y de alto riesgo.

- Incluir documentación que te informe sobre el **comportamiento ambiental del producto**, en particular: consumo de energía; indicación de que la **prolongación de la vida útil** de la tablet reduce el impacto medioambiental global del producto; instrucciones para facilitar la prolongación de la vida útil de las baterías recargables; **instrucciones claras para el desmontaje y la**

reparación que permitan desmontar los productos sin dañarlos para sustituir componentes o piezas esenciales con fines de actualización o reparación; instrucciones para el final de la vida útil sobre la **eliminación adecuada.**

Si cumple todos los criterios, una tablet podrá acceder al etiquetado ecológico de la Unión Europea, luciendo una ecoetiqueta que seguramente ya has visto en otros muchos productos o servicios ecológicos.

¿Cómo es un establecimiento turístico ecológico?

Si hay un sector de actividad donde lo "ecológico" lleva tiempo pegando fuerte ese es el turismo. Tanto por la preocupación de una parte del sector por compatibilizar la actividad con el entorno sobre el que se desarrolla, como por la oportunidad que supone para los turistas que necesitan cubrir el déficit de naturaleza[42] que vive esa creciente mayoría de población urbana.

Pero como ocurre en otros ámbitos donde se utiliza un mensaje verde para atraer clientes, **no es fácil diferenciar qué parte de ese turismo puede ser considerado respetuoso con el entorno.** Aproximaciones al ecoturismo hay muchas, con menor o mayor acierto, pero no todas respetan los principios del turismo sostenible[43].

Sí que contamos, más allá de mensajes verdes más o menos coherentes, con un mecanismo para probar el compromiso del alojamiento turístico con el entorno en el que se ubica. Desde hace más de una década existen criterios, reconocidos por la Unión Europea, para definir qué es un establecimiento turístico ecológico[44]. Podemos reconocerlos por estar adheridos a la etiqueta ecológica europea. Encontramos dos grupos de criterios ecológicos para la concesión de la etiqueta ecológica comunitaria: para servicios de alojamiento turístico y para servicio de camping.

Etiqueta ecológica para servicios de alojamiento turístico[45]:

Se aplica a la oferta a turistas, viajeros e inquilinos de alojamiento en habitaciones debidamente equipadas dotadas al menos de una cama, a cambio del pago de una cantidad. La oferta de alojamiento puede incluir servicios recreativos, de restauración y de bienestar físico, así como el uso de zonas verdes.

Para recibir la etiqueta ecológica comunitaria referente a los servicios de alojamiento turístico el establecimiento tiene que cubrir 29 criterios obligatorios y sumar una serie de puntos entre otros criterios optativos relativos al impacto ambiental de la oferta turística. En conjunto definen cómo es un hotel ecológico.

Los criterios obligatorios se agrupan en:

- **Energía:** incluye el uso de electricidad procedente de fuentes de energía renovables, eliminar el uso del carbón -salvo en chimeneas decorativas- y del gasoil cuyo contenido en azufre sea superior al 0,1%, cuestiones sobre eficiencia y generación de calor, aire acondicionado, eficiencia energética de los edificios, aislamiento de las ventanas, desconexión de la calefacción y el aire acondicionado, desconexión de las luces, bombillas de bajo consumo y aparatos de calefacción exteriores.

* **Agua**: el caudal de agua medio de los grifos y cabezas de ducha, excepto el de las cocinas y bañeras, no superará los 9 litros/minuto; papeleras en los aseos para que los clientes no tiren residuos en la taza; los urinarios irán equipados con cisternas automáticas (con temporizador) o manuales que permitan evitar una descarga de agua ininterrumpida; cambio de toallas y sábanas; evacuación correcta de las aguas residuales.

* **Detergentes y desinfectantes**: solo deberán utilizarse desinfectantes si es necesario para cumplir requisitos de higiene legales.

* Residuos: **separación de residuos** por parte de los clientes mediante recipientes adecuados; separación de los residuos del establecimiento en las categorías que puedan ser tratadas separadamente por las instalaciones nacionales o locales de gestión de residuos. A menos que lo exija la legislación, **no se utilizarán productos de tocador desechables** (en envases no rellenables) como el champú y el jabón, ni otros productos (no reutilizables), como gorros de ducha, cepillos,

limas de uñas, etc. Los envases para bebidas (tazas y vasos), y **los platos y cubiertos desechables solo se utilizarán si están hechos de materias primas renovables y son biodegradables y compostables.** Excepto cuando la legislación lo exija, no se utilizarán para el desayuno u otros servicios de restauración productos con envase individual, excepto los productos lácteos para untar (como mantequilla, margarina y queso blando), chocolate y manteca de cacahuetes para untar, y conservas y mermeladas para dietas o destinadas a diabéticos.

- Otros servicios: sección de no fumadores en las zonas comunes; se facilitará a los clientes y al personal información fácilmente accesible respecto a cómo utilizar el transporte público para desplazarse al alojamiento turístico y desde éste, indicando cuáles son los principales medios de comunicación. Si no hay transporte público, deberá darse información sobre otros medios de transporte preferibles desde el punto de vista ambiental.

- **Gestión general:** mantenimiento y revisión de las calderas y sistemas de aire acondicionado; política ambiental y plan de actuación detallado para asegurar su aplicación; **información y formación al personal** para garantizar la aplicación de las medidas ambientales y para que sea consciente de la necesidad de comportarse de manera respetuosa con el medio ambiente; **información a los clientes** sobre la política ambiental del establecimiento, aspectos de seguridad en general y seguridad contra incendios; **procedimientos de recogida y seguimiento**

de los datos sobre el consumo de energía y el consumo de agua; procedimientos de **recogida y seguimiento de los datos sobre** el consumo de **productos químicos y la cantidad de residuos producidos.** Información que figurará en la etiqueta ecológica.

Por su parte, los 90 criterios opcionales profundizan en cuestiones concretas de estas categorías, aportando una serie de puntos que deberán sumar un mínimo necesario para optar a la etiqueta ecológica con la que el establecimiento estará en condiciones de asegurar que: **"toma medidas para utilizar fuentes de energía renovables, ahorrar energía y agua, reducir residuos y mejorar el medio ambiente local".**

Etiqueta ecológica para servicio de camping[46]:

Este esquema incluye la **oferta,** como servicio principal **a cambio de un precio,** de parcelas **equipadas para alojamientos móviles en un espacio de terreno debidamente delimitado.** Comprende otras instalaciones aptas para el alojamiento de personas así como zonas comunes para servicios colectivos. Dentro del servicio de camping puede incluirse la oferta de servicios de restauración y actividades recreativas.

¿Cómo es un camping ecológico? Igual que en el caso anterior hay 30 criterios obligatorios sobre energía, agua, detergentes y desinfectantes, residuos, otros servicios y gestión general, complementados con 67 criterios opcionales, en los que debe alcanzarse una puntuación mínima para el acceso a la etiqueta ecológica.

El reto está en la demanda. ¿Buscamos establecimientos ecológicos para disfrutar nuestro tiempo de descanso? ¿Contratan nuestras empresas hoteles ecológicos cuando nos envían a trabajar fuera o cuando reservan un espacio para jornadas o congresos? Con independencia de si ocurre en el medio natural, en un entorno rural o se trata de una actividad vinculada a la realización de negocios, **no se puede hacer turismo sostenible si no se parte de un alojamiento consciente de su impacto y que toma medidas para prevenirlo.**

A pesar de que la sostenibilidad sea indispensable para el sector turístico[47] y del compromiso manifestado por los distintos agentes que intervienen en el turismo sostenible, en España sólo hay 36 lugares donde podemos disfrutar de alojamiento turístico ecológico[48].

Sólo es sostenible si es para todas

Pese a que pueda parecer muy complicado, definir si algo es sostenible o no es relativamente sencillo. Podemos tomar en consideración varias definiciones y una amplia complejidad de parámetros, pero para una primera aproximación basta con la definición de desarrollo sostenible de la Comisión de Bruntland[49]:

desarrollo que satisface las necesidades de la generación presente, sin comprometer la capacidad de las generaciones futuras de satisfacer sus propias necesidades

Ahora cambiemos desarrollo por otro sustantivo y apliquemos la definición. ¿Moda sostenible? ¿Teléfono móvil sostenible? ¿Gestión de residuos sostenible? Lo serán en la medida en que satisfagan las necesidades presentes sin impedir que se puedan seguir satisfaciendo esas necesidades en el futuro.

Lo complicado, quizá, sea definir cuáles son esas necesidades que hay que satisfacer. Para ello contamos con los Objetivos de Desarrollo Sostenible de Naciones Unidas[50]. No son muchas, pero son muy básicas y están sin resolver.

Por supuesto, **la definición de desarrollo sostenible** no se refiere a tus necesidades o mis necesidades concretas, **se refiere a las necesidades de todas las personas presentes en nuestro planeta.** Así pues, opciones de satisfacer necesidades que excluyen a otras personas no pueden ser sostenibles. No existe, por muy bonito que lo pinten, el lujo sostenible.

La sostenibilidad tiene tres componentes: ambiental, económica y social. Podemos utilizar otras etiquetas para vender más a un público segmentado, pero si algo utiliza un abultado margen de beneficio para quedar fuera del alcance de la mayoría no puede ser, por definición, sostenible. Y, desde luego, algo que va dirigido al capricho de una minoría con altos ingresos es muy improbable que consiga resolver los desafíos del desarrollo sostenible.

Ejemplos hay muchos. Uno muy claro y fácil de comprender son las chanclas de neumáticos reciclados. Si las vendo a 50 euros el par, como producto dirigido a una élite esnobista con cierta necesidad de presumir de su conciencia ambiental, seguramente consiga hacer un buen negocio.

Pero la demanda de chanclas a 50 euros es más bien escasa. Especialmente si una gran cadena de distribución es capaz de poner en el mercado esas mismas chanclas, fabricadas con los mismos neumáticos reciclados, a 2 euros el par.

¿Qué necesidades pretendemos atender con las chanclas de neumáticos reciclados? Por un lado la de calzado (cómodo y fresco para una determinadas circunstancias concretas de uso) y, por otro, dar salida a las grandes montañas de neumáticos fuera de uso que se han mostrado como un problema no tan lejano.

Todo eso sin entrar en que teniendo acceso al neumático la necesidad de calzado se resuelve sin procesar los materiales y con un menor coste energético, eso sí, de una manera un poco más rústica. Yo también prefiero las chanclas a un recorte de neumático atado con una cuerda, pero ¿estábamos hablando de necesidades o de preferencias?

Así las cosas, **mientras unos hacían negocio y otros presumían con las chanclas de 50 euros los neumáticos se seguían acumulando en Seseña** (y otros puntos de la geografía nacional[51] y otros muchos más en todo el planeta[52]) y acabaron ardiendo. Tampoco las chanclas a 2 euros, puestas al lado de otras coloridas a 4 euros (parece que los pequeños lujos al alcance de todos nos despistan de la opción de salvar el planeta), consiguieron resolver el problema.

Desde mi punto de vista **es una cuestión de modelos de negocio.** ¿Te dedicas a vender productos caros o a equipar hogares sostenibles? **¿Aportas soluciones a largo plazo o vives a tope la nueva**

cultura del pelotazo rebautizada como emprendimiento startup? ¿Complaces a una élite que no mira sus gastos o buscas satisfacer necesidades cotidianas de la mayoría?

La solución no es fácil ni rápida. El modelo consumista se basa en la creación constante de nuevas necesidades que satisfacemos con productos diseñados bajo insostenibles parámetros de obsolescencia[53], creando problemas ambientales, sociales y económicos para la gran mayoría de los habitantes del planeta. ¿Sería sostenible comprar una nueva tablet ecológica cada 6 meses?

La producción de alimentos, bienes y servicios bajo parámetros respetuosos con el entorno sigue siendo escasa. Y a pesar de que puede llegar al mercado a precios asequibles, con relativa frecuencia incurre en cadenas de distribución insostenibles para llegar a mercados con más capacidad de compra, generando un estigma que favorece ataques gratuitos a una producción ecológica (que sí podría ser parte de la solución a algunos de los principales retos de la sostenibilidad).

Todos tenemos parte de la solución en nuestra mano. Podemos elegir satisfacer nuestra necesidad de acceso a la información y las comunicaciones adquiriendo constantemente los últimos modelos de equipos informáticos y teléfonos móviles, o reservar parte de los recursos necesarios para fabricarlos de modo que puedan ser accesibles a todas las personas que tienen sin resolver esa necesidad en el presente y, seguramente, seguirán sin poder resolverla en el futuro.

Podemos caer en las trampas de la obsolescencia[54] o alargar la vida útil de los bienes consumidos[55] para reducir la generación de residuos y la necesidad de nuevas materias primas. Regalarnos experiencias que nos hagan más humanos o baratijas producidas sin respeto a los derechos humanos de quienes las fabrican.

¿Dónde encontrar empresas, productos y servicios ambientalmente respetuosos?

Como consumidores responsables nos encontramos con frecuencia ante el dilema de dónde comprar productos más respetuosos con el medio ambiente o qué empresas son las que más se preocupan por reducir su impacto en el entorno. Y hacerlo sin caer víctimas del greenwashing.

La Unión Europea cuenta con **tres reglamentos** que regulan estos aspectos, asignando un distintivo para las empresas que cuentan con sistemas de gestión ambiental verificados, así como para productos y servicios ecológicos o procedentes de agricultura ecológica.

- Si lo que me interesa es conocer **las empresas más responsables desde el punto de vista del medio ambiente, puedo encontrarlas en el registro EMAS**[56]: recoge aquellas empresas que, voluntariamente, han implantado y auditado un sistema de gestión ambiental según el *Reglamento (CE) N° 1221/2009*[57].

- Si quiero conocer la **oferta de productos y servicios ecológicos,** puedo acudir al **catálogo de** la **Etiqueta Ecológica Europea**[58], donde puedo consultar por categorías (papel, textil, calzado, pinturas, ordenadores, detergentes, servicios de alojamiento turístico...) todos aquellos productos y servicios que han merecido el reconocimiento de la Unión Europea por ser los más respetuosos con el medio ambiente en su categoría.

- Si lo que me preocupa es comer **alimentos producidos con los menores impactos ambientales posibles** (y libres de transgénicos) entonces debo consultar el *"Listado de Operadores de la Agricultura Ecológica*[59]*"*.

Todo esto se simplifica acudiendo al "mercado" y buscando los distintivos con los que podemos diferenciar cada una de estas formas de compromiso con el medio ambiente.

Hay otras etiquetas ecológicas, pero estas que presento aquí no responden a un interés privado concreto: **se han regulado en normativa europea** de rango legal, con todas las ventajas y desventajas que esto supone, pero, en cualquier caso, **son garantía de que existe información disponible sobre lo que estamos consumiendo**: bien en una declaración anual validada sobre los resultados de gestión, bien sobre el cumplimiento de unos criterios públicos relativos al comportamiento del producto o la forma en que se ha producido.

---

[22] http://ec.europa.eu/ecat/

[23] http://blog.consultorartesano.com/2008/09/ocho-peligros-de-la-economa-de-la-gratuidad.html

[24] http://eur-lex.europa.eu/legal-content/ES/TXT/?uri=LEGISSUM:co0012

[25] http://eur-lex.europa.eu/LexUriServ/LexUriServ.do?uri=CONSLEG:2003D0031:20081128:ES:PDF

26 http://vivirsinplastico.com/sobre-nosotros/

27 http://www.trashisfortossers.com/

28 http://vivirsinplastico.com/vivir-con-plastico/

29 http://www.lasexta.com/temas/noticias/salvados-fashion-victims-1.html

30 http://verne.elpais.com/verne/2016/02/20/articulo/1455967361_810558.html

31 https://www.productordesostenibilidad.es/2009/01/una-etiqueta-para-informar-a-todos/

32 http://ec.europa.eu/environment/ecolabel/

33 http://eur-lex.europa.eu/legal-content/ES/TXT/?uri=CELEX:32014D0350

34 http://eur-lex.europa.eu/legal-content/ES/TXT/?uri=CELEX%3A32016D1371

35 http://www.ilo.org/empent/Publications/WCMS_124924/lang--es/index.htm

36 http://www.pactomundial.org/

37 http://www.ohchr.org/Documents/Publications/GuidingPrinciplesBusinessHR_SP.pdf

38 http://www.oecd.org/daf/inv/mne/MNEguidelinesESPANOL.pdf

39 https://echa.europa.eu/es/addressing-chemicals-of-concern

40 http://www.magrama.gob.es/es/calidad-y-evaluacion-ambiental/temas/productos-quimicos/reglamento-clp/

41 http://eur-lex.europa.eu/legal-content/ES/TXT/?uri=CELEX%3A32016D1371

42 http://www.lahipotesisgaia.com/deficit-de-naturaleza-sintomas-y-como-combatirlo/

43 http://www.unep.org/10yfp/Programmes/ProgrammeConsultationandCurrentStatus/Sustainabletourism/tabid/106269/Default.aspx

44 http://ec.europa.eu/ecat/hotels-campsites/en

45 http://ec.europa.eu/environment/ecolabel/documents/hotels.pdf

46 http://ec.europa.eu/environment/ecolabel/documents/camp_sites.pdf

47 http://www.comunidadism.es/blogs/la-sosteniblidad-aspecto-indispensable-en-el-sector-turistico

48 http://ec.europa.eu/ecat/hotels-campsites/en/57/spain

49 http://www.unesco.org/new/es/education/themes/leading-the-international-agenda/education-for-sustainable-development/sustainable-development/

50 http://www.un.org/sustainabledevelopment/es/objetivos-de-desarrollo-sostenible/

51 http://www.rtve.es/noticias/20160516/otros-vertederos-neumaticos-punto-mira-tras-incendio-sesena/1351385.shtml

52 http://theobjective.com/investigations/monstruosos-vertederos-de-neumaticos-en-llamas/

53 https://www.lahipotesisgaia.com/no-culpes-la-obsolescencia-pasa/

54 https://www.ecointeligencia.com/2017/04/obsolescencia-percibida/

55 http://alargascencia.org/es/pagina/%C2%BFqu%C3%A9-es-esto

56 http://ec.europa.eu/environment/emas/registration/sites_en.htm

57 http://eur-lex.europa.eu/legal-content/ES/TXT/?uri=URISERV%3Aev0022

58 http://ec.europa.eu/ecat/

59 http://programasnet.magrama.es/regoe/Publica/Operadores.aspx

Alimentación ecológica

"La Tierra proporciona recursos suficientes para las necesidades de todos, pero no para la codicia de algunos"

Mahatma Gandhi

Ecológico y esotérico no es lo mismo

Una simple consulta al diccionario nos ayuda a arrojar luz sobre el asunto:

* ecológico, ca.

    1. adj. Perteneciente o relativo a la ecología.

* esotérico, ca.

    (Del gr. ἐσωτερικός).

    1. adj. Oculto, reservado.

    2. adj. Dicho de una cosa: Que es impenetrable o de difícil acceso para la mente.

    3. adj. Se dice de la doctrina que los filósofos de la Antigüedad no comunicaban sino a corto número de sus discípulos.

    4. adj. Dicho de una doctrina: Que se transmite oralmente a los iniciados.

Así pues, el primer concepto tiene que ver con una ciencia que estudia los ecosistemas, mientras que el segundo tiene que ver con saberes ocultos reservados para discípulos iniciados.

¿Por qué **es importante distinguir entre estos dos conceptos**? Para evitar confundir al consumidor. Así lo pensó la Unión Europea, que reglamentó todo lo relativo a la alimentación ecológica[60], de modo que quien tenga esa inquietud de consumir productos producidos siguiendo criterios científicos de respeto a los ecosistemas pudiera disponer de un logotipo identificativo que garantizase transparencia en cuanto al origen y producción de esos alimentos mediante el cumplimiento de un reglamento público elaborado con todas las garantías que puede ofrecer nuestra democracia.

Para el que lo observa a una cierta distancia, **parece haber cierta conexión entre lo ecológico y lo místico**. Basta acudir a una de las muchas ferias que se presumen de lo primero y son el escaparate de lo segundo.

También es cierto que en el ecologismo (Definido por la RAE como *Movimiento sociopolítico que propugna la defensa de la naturaleza y la preservación del medio ambiente*), hay cierta aproximación a lo esotérico y rechazo a lo reglamentado. Pero resulta que **ecólogo y ecologista no son la misma cosa**.

¿A qué viene todo esto? pues a que **está muy de moda poner en tela de juicio lo ecológico basándose en argumentos científicos antiesotéricos**. Y eso está muy bien cuando se pueda aplicar, pero no siempre es el caso.

Antiecológico y protransgénico van de la mano

El postureo antiecológico suele ir asociado a un apoyo incondicional a los alimentos transgénicos. Y al revés, la defensa de los transgénicos se lleva a cabo mediante un ataque directo a "lo ecológico". ¿Por qué?

Pues porque **el uso de organismos modificados genéticamente está prohibido en la agricultura ecológica.** Esto es algo que no se te garantiza cuando compras otro tipo de productos: lo da la etiqueta europea para alimentos ecológicos. **¿Quieres un menú libre de transgénicos**? Busca productos ecológicos.

Así pues, **el aumento en la demanda y producción de alimentos ecológicos es una amenaza para la industria de la alimentación transgénica.**

No es sólo que la sociedad rechace sus productos, si el mercado demanda semillas ecológicas se reducen las posibilidades de generar ingresos por parte de la industria biotecnológica.

Eso sin hablar de lo que pasaría con los fitosanitarios especialmente diseñados para acabar con todo lo que no tenga una capacidad genética, introducida artificialmente, para resistir a ese fitosanitario.

Porque **elegir ecológico,** más allá de las capacidades nutricionales u organolépticas del alimento[61], es una **decisión informada de personas que prefieren un modelo de agricultura que dañe lo menos posible el entorno.**

¿Y qué se puede hacer contra eso? Tachar "lo ecológico" de esotérico, criticar la normativa que garantiza al consumidor un mínimo de información sobre el producto que consume, argumentar sobre lo caros que son los productos ecológicos, crear confusión entre ecología y ecologismo, y **etiquetar al que defiende "lo ecológico" de integrista tecnófobo indocumentado.** Todo ello, a ser posible, cubierto con un barniz de justificación científica que permita colar prejuicios y mentiras para defender el transgénico y atacar lo ecológico.

Quizá sea difícil establecer la trazabilidad entre el argumentario antiecológico y las multinacionales de la alimentación, pero **es fácil entender que el margen de beneficio del sector transgénico permite destinar recursos a comprar voluntades y financiar publicaciones** para apoyar su modelo, atacando a agricultura ecológica por el camino. El negocio va en ello.

Para bien o para mal, en la medida en que privatizamos la educación y la investigación, la divulgación queda en manos de los patrocinadores y los medios de comunicación de los anunciantes. **El mensaje predominante acabará siendo el que quieran, en este caso, un par de grupos multinacionales con intereses muy concretos.**

Esa tendencia en **la divulgación científica empeñada en concienciar a la población sobre las bondades de los productos transgénicos pierde credibilidad cada vez que miente** para defenderlos de los productos ecológicos.

¿De verdad se necesita atacar a lo ecológico para vender lo transgénico? ¿Por qué? La ofensiva, en contra de la voluntad de una creciente cantidad de productores y consumidores, es clara: **si los consumidores deciden ecológico y los productores les dan gusto, los transgénicos pueden quedar fuera del mercado.**

El modelo de producción agraria ecológica es mejorable. Seguro que sí. Pero **las mentiras no ayudan a tener un mercado más justo y un modelo de consumo racional.** Por eso es importante entender el origen de los argumentos que aparecen en prensa y su justificación.

Pero, los transgénicos ¿son tan malos?

¿Qué tienen de malo los cultivos genéticamente modificados? Pues, posiblemente, no tengan nada de malo. O tal vez sí. Me inquieta que, contra los argumentos de los sí opinan que tienen algo de malo[62], nos bombardeen con mentiras.

Una de las líneas a favor de la extensión de los cultivos de transgénicos era que no afectan a los ecosistemas naturales. Y resulta que sí es posible que las características genéticas introducidas en los cultivos transgénicos estén pasando a otros seres vivos[63].

Desde mi punto de vista, personal e intransferible, **la falta de transparencia sobre el asunto se me antoja argumento suficiente como para cuestionar los transgénicos.**

Mi particular aversión viene de algún estudio relativo a que genes de los alimentos transgénicos pueden pasar a las bacterias presentes en el aparato digestivo[64].

Desconozco el riesgo para el equilibrio bacteriano que la sucesión ecológica estableció en mi intestino y sus consecuencias sobre la salud (de los seres humanos y de cualquier animal alimentado con transgénicos, bien en producción agraria, bien en la naturaleza). Y me inquieta no tener información concluyente al respecto.

Teniendo en cuenta que el argumento monetario es uno de los más potentes en la defensa de la agricultura transgénica me pregunto: ¿se ha valorado el coste de las posibles resistencias a antibióticos inducidas por esta transmisión, a través de la alimentación transgénica, de nuevos genes a las bacterias que conviven con nosotros?

Podemos estar de acuerdo en que todas las variedades que consumimos han sido seleccionadas por el ser humano a lo largo de milenios de agricultura. **A Mendel no le hizo falta saber lo que era un gen para sentar las bases que permitirían importantes mejoras en la producción agraria.**

Durante siglos de agricultura se han conseguido variedades específicas que permiten producciones óptimas en lugares concretos sin necesidad de pasar genes de unas especies a otras.

Seleccionar y modificar son cosas distintas. Después de decenas de miles de años sabemos que **las variedades seleccionadas** (elegidas por sus propiedades aparentes) **son seguras para la**

alimentación humana. La biotecnología nos permite modificar el ADN, incluyendo fragmentos del código genético de una especie en el de otra otra. Sin lugar a dudas es una línea de investigación interesante, pero: ¿realmente necesitamos trasladarla a la producción de alimentos?

Quizá una de las claves de mi desconfianza en la industria transgénica son los intereses de las multinacionales que la promueven, ¿podría haber una compañía que modificara cultivos por altruismo?

Si entendemos el altruismo como la búsqueda de óptimos globales, la respuesta corta, efectivamente, es no. El óptimo en este sentido está en la producción agraria ecológica, que más allá del mero beneficio económico trata de preservar a largo plazo los ecosistemas y garantizar la información que el consumidor recibe sobre lo que come.

En cualquier caso, no se trata de volver a las cavernas, **es cuestión abordar la agricultura desde una óptica amplia, incluyendo parámetros como nutrición, sostenibilidad y dignidad.** Y también se requiere mucha ciencia para mantener y extender los grupos de investigación y conservación de variedades locales de especies cultivables.

No sé si es posible hacer ingeniería genética altruista. Entiendo que cambiamos genes en los cultivos para conseguir, egoístamente, características que nos interesan en esas plantas. Y que lo hacemos con criterios de rentabilidad monetaria.

Por ejemplo, preparamos semillas resistentes a determinados herbicidas, de modo que, supuestamente, los agricultores que cultiven sus semillas transgénicas tienen una ventaja competitiva al poder fumigar con un producto que afectará a cualquier vegetal que no sea lo que han plantado.

También hemos sido capaces de desarrollar sistemas de cultivo que acaban con la vida de insectos que juegan un papel clave en la polinización, tanto de especies vegetales de interés agrícola como de especies silvestres.

Vincular el síndrome de despoblamiento de las colmenas con la agricultura transgénica o productos empleados en ella es sólo una hipótesis de trabajo. Es más, con la millonada que gasta la industria transgénica en crear opinión[65], cualquier argumentación en este sentido acabaría en la cesta de la conspiranoica.

La alternativa a la alimentación transgénica: optar por una agricultura respetuosa con el entorno, capaz de producir sin alterar las propiedades del suelo, sin contaminar el agua y sin esclavizar personas a los caprichos del sistema financiero internacional.

El hambre en el mundo fue un buen argumento para justificar la "revolución verde" de Norman Borlaug[66]. Y parece que también lo está siendo para la "revolución transgénica" y la extensión de los organismos modificados genéticamente[67].

Abanderando el asunto del hambre podemos gastar 50 millones de dólares en posicionar productos patentados en mercados emergentes[68] o en fortalecer modelos de desarrollo distintos al nuestro.

La segunda opción no sabemos rentabilizarla monetariamente, por lo que no parece interesar a los generosos filántropos de nuestro entorno. Haciendo un símil informático, en lugar de invertir la pasta que les sobra en mejorar los sistemas operativos libres locales están regalando portátiles con su propio sistema privativo instalado.

No podemos tener desarrollo sostenible sin aplicar cuidadosamente el principio de cautela. Y en este sentido, mi duda es ¿están relacionados los retos de la alimentación de la población humana con la capacidad productiva de los agrosistemas? ¿Estamos tomando decisiones con criterios adecuados?

Lo ecológico sí es más sano y más bueno para el medio ambiente

Me vas a permitir lo de "más bueno". Quizá debería haber puesto "mejor", pero es para que quede claro que estoy intentando desmontar esta afirmación: *Lo ecológico no es más sano ni más bueno para el medio ambiente*[69].

Últimamente está de moda atacar a "lo ecológico". Puro "postureo" para ganar seguidores en redes sociales, participar en charlas científicas, vender libros y ganar la simpatía de ciertos agentes económicos.

Es un juego perverso que confunde intencionadamente lo esotérico y lo ecológico. Quizá no, igual se trata de un argumentario interesado que ignora las implicaciones del término "ecológico" cuando se trata de vender productos y servicios, especialmente en el ámbito de la alimentación. El caso es que me inquieta el desprecio a una ciencia en particular, la ecología, que profesan todos los que atacan gratuitamente a "lo ecológico". Vamos por partes:

- **Lo ecológico**: Para poder venderse como ecológico, un alimento debe cumplir una reglamentación europea sobre producción y etiquetado ecológico. La existencia de esta normativa se justifica, entre otros, en ventajas desde el punto de vista del medio ambiente, el desarrollo rural y el bienestar de los animales. Igualmente ofrece las garantías jurídicas necesarias para evitar "el timo". Para ello establece unas reglas concretas de producción ecológica, un sistema de control y mecanismos transparentes de información al consumidor.

- **Más bueno para el medio ambiente**: La producción agraria ecológica implica, entre otros, los siguientes criterios:
  - los tratamientos deben respetar la vida y la fertilidad natural del suelo;
  - prevención de la compactación y la erosión de suelo, manteniendo su estabilidad y biodiversidad;
  - uso de un número limitado de productos fitofarmacéuticos autorizados;
  - las semillas y los materiales de reproducción vegetativa han de producirse ecológicamente;
  - los animales deben nacer y criarse en explotaciones ecológicas;
  - los piensos deben ser de origen ecológico;

- reducción al mínimo del uso de recursos no renovables y de medios de producción ajenos a la explotación;
- la limpieza y desinfección se realizan empleando únicamente productos autorizados;

Se trata de avanzar en el conocimiento técnico y científico aplicando, únicamente, métodos de agricultura, ganadería, acuicultura o extracción de otros productos de modo que se cause el menor impacto posible al ecosistema, garantizando su sostenibilidad. Para ello evita la dispersión de contaminantes en el entorno y mantiene la capacidad productiva de la naturaleza.

Así pues, en lugar de pesticidas, se proponen medidas como la elección de especies y variedades apropiadas que resistan a los parásitos y a las enfermedades, las rotaciones apropiadas de cultivos, los métodos mecánicos y físicos y la protección de los enemigos naturales de las plagas.

En resumen: menos contaminación y más diversidad biológica. Esto, que yo sepa, es mejor para el medio ambiente, especialmente para los terrenos que dejen de ser dependientes de los aportes externos de energía y nutrientes.

- Más **sano**: Si reducimos la contaminación del suelo y el agua generamos un beneficio para la salud de las personas: con menos sustancias peligrosas en los ecosistemas existen menos posibilidades de que entremos en contacto con ellos o que nos lleguen a través de la dieta.

Adicionalmente, los productos etiquetados como ecológicos, los únicos en los que legalmente pueden figurar los términos "eco" y "bio", no pueden incluir sustancias sospechosas de perjudicar a la salud de las personas. La normativa incluye restricciones al uso de aditivos alimentarios, en particular de ingredientes no ecológicos que tengan funciones fundamentalmente técnicas y sensoriales así como de oligoelementos y coadyuvantes tecnológicos. Estos únicamente se podrán utilizar en caso de necesidad tecnológica esencial o con fines nutricionales concretos.

¿Sabe mejor o tiene mejor capacidad nutricional el tomate ecológico? Para muchos es la pregunta clave. Dado que el argumento de la contaminación y el respeto a lo que la ecología como ciencia aporta a la producción de alimentos y conservación del medio ambiente es difícilmente cuestionable, toca atacar otros frentes.

No existen, que yo conozca, estudios que comparen las propiedades del tomate ecológico puesto en el mercado con el tomate procedente de agricultura convencional puesto en el mercado. Resulta "poco científico" ir al mercado, así que hacemos las comparaciones con tomates madurados en una mata de laboratorio, para los que, evidentemente, sus propiedades nutricionales y organolépticas son similares.

Si cogemos el tomate que compramos en el supermercado, recolectado verde, conservado para su transporte, seleccionado por su apariencia, madurado artificialmente y tratado para que tenga un aspecto deseable, podríamos evidenciar que no es igual de "sano" que un tomate cuya producción tenga por objetivo hacer un uso responsable de la energía y de los recursos naturales.

Como no interesa financiar este estudio hacemos otros sesgados desde el origen para intentar frenar el avance de la demanda y producción de alimentos ecológicos. Así, las demostraciones en la línea de que un producto ecológico no es mejor que uno convencional adolecen de cuestiones tan básicas como no definir qué entienden por nutritivo, cuando esta característica es objeto de comparación.

Ecológico: te salva y ayuda al planeta

Supongo que a estas alturas ya lo tienes claro, pero me permito recordarte que en **Europa sólo podemos calificar como ecológicos o biológicos los productos adheridos a etiqueta ecológica.**

Otra cuestión importante a considerar en el debate es que la Organización de las Naciones Unidas para la Agricultura y la Alimentación (FAO) considera que la agricultura orgánica es capaz de garantizar la seguridad alimentaria[70].

Es decir, **la máxima autoridad mundial en la materia avala la capacidad de la agricultura ecológica para garantizar las necesidades nutricionales de la creciente población del planeta.**

También cabría recordar que **gran parte de la producción de alimentos a día de hoy no se consume** (al menos un tercio a nivel mundial[71] y cerca de la mitad en nuestro entorno[72]). **Forma parte de un**

despilfarro global, favorecido por **prácticas de agricultura intensiva en las que priman criterios que no tienen que ver con la nutrición humana o la conservación de los ecosistemas.**

Por otro lado, **la agricultura ecológica se basa en la aplicación de criterios científicos para reducir el impacto ambiental sobre los ecosistemas y la salud humana de las prácticas agrícolas.**

En algún caso se ha llegado a argumentar que la agricultura ecológica es más contaminante porque requiere de más cuidados que la industrializada, cuando lo que ocurre es que la intensificación de la agricultura industrial se consigue reemplazando a las personas y los procesos ecológicos con productos agroquímicos.

Un ejemplo sencillo está en la **fertilidad del suelo:** mientras que **en la agricultura ecológica se mantiene y fomenta la fertilidad natural,** en la agricultura industrial se consigue a base de productos químicos sintéticos.

Sí, quizá el laboreo superficial de la agricultura ecológica requiere labrar más veces, pero **la agricultura convencional hace una labor profunda, con potentes subsoladoras que requieren maquinaria más potente que consume más energía.** ¿Cuál emite más gases de efecto invernadero?

Mientras que la agricultura industrial elimina materia orgánica del suelo la agricultura ecológica la fija, de modo que el balance en términos de CO_2 es más favorable para las prácticas ecológicas[73], que consiguen hacer del suelo agrícola un sumidero de gases de efecto invernadero frente, por ejemplo, a la ganadería intensiva (que es fuente indiscutible de gases de efecto invernadero[74]).

Cuando se trata de atacar a la agricultura ecológica por tener más impacto ambiental que la agricultura convencional, debemos considerar que la primera se basa en la consideración de esos impactos mientras que la segunda los ignora. Precisamente, la reglamentación de la agricultura ecológica nace para incorporar consideraciones relativas a la huella ecológica en su proceso productivo.

Para entenderlo mejor, es como comparar la seguridad de los dos coches, uno que tiene cinturones de seguridad y otro que no los tiene, diciendo que los cinturones de seguridad son muy peligrosos porque te pueden romper las costillas en caso de accidente. ¿Qué ocurre en el mismo accidente en el coche sin cinturones de seguridad? ¿Invitamos a viajar en coches sin cinturón de seguridad?

Y llegamos al asunto de los transgénicos. Porque, en el fondo, el ataque a lo ecológico viene del mundo de los transgénicos. La única forma de consumir productos libres de organismos modificados genéticamente es… sí, has acertado: comprar productos etiquetados como ecológicos según el reglamento europeo. Una creciente demanda de productos ecológicos es una amenaza para los intereses de los que viven de las nóminas y facturas publicitarias pagadas por la industria del transgénico.

Podrían ponerse a investigar y a hacer ciencia para salvar el planeta, pero prefieren seguir con su negocio y tratar de engañarnos a todos con argumentos sesgados o faltando a la verdad.

Y qué me dicen del sabor… La agricultura industrial, destinada a la venta en grandes superficies, prioriza productos visualmente homogéneos sacrificando su sabor. Menos mal que los que compramos productos ecológicos sabemos que esta práctica agraria sí repercute en un producto con mejores propiedades, especialmente el sabor, y no nos dejamos llevar por los intereses de las grandes corporaciones.

El Reglamento de producción ecológica se establece por la Unión Europea precisamente para que los consumidores tengan claro qué implica el etiquetado ecológico de los alimentos que van a consumir.

Los que estamos a favor de los productos ecológicos también tenemos a la ciencia de nuestro lado y podemos desmontar cualquiera de las argumentaciones interesadas en contra. Empezando, precisamente, por los conflictos de intereses en las investigaciones publicadas sobre cultivos modificados genéticamente[75].

El propio ecologismo se permite cuestionar, con datos de rendimiento de los últimos 20 años, las supuestas bondades de la agricultura transgénica[76].

También la ciencia ha dado respuesta en numerosos artículos a la necesidad de reducir la huella ecológica de la agricultura manteniendo su capacidad para alimentar a una población creciente[77].

Y la Unión Europea, con la participación de investigadores, la industria y el conjunto de la sociedad, ha recogido el reto en un Reglamento que establece las reglas de la producción ecológica de modo que sean justas y claras para productores y consumidores, así como para los periodistas e investigadores que tengan interés en informar a la población sobre las consecuencias de sus decisiones de consumo.

Así pues, diga lo que diga la agricultura industrial en las páginas de los medios de comunicación que patrocina, puedes seguir comprando (o empezar a comprar) productos ecológicos con la conciencia tranquila. ¿Por qué lo digo yo? No. Porque **antes de creerte lo que dicen los demás sin aportar pruebas y sólo con comentarios más o menos fundados, puedes acudir a fuentes fiables y encontrar datos contrastados y argumentos sólidos** que abalan la práctica de la agricultura y la ganadería ecológicas.

Y sí. Te recomiendo que consumas ecológico: ayudarás a mejorar la conservación de los ecosistemas de todo el planeta, especialmente los dedicados a producción agrícola, y estarás comiendo productos mejores para tu salud y la de los que te rodean.

Mi duda final es: ¿eres consciente de la creciente *infoxicación* que perpetúa un modelo de consumo insostenible?

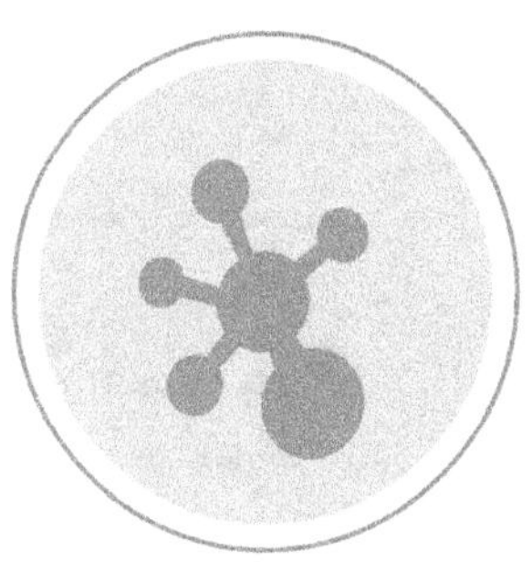

Defina nutritivo

Es curioso que cuando leemos artículos en los que se cuestiona si los alimentos ecológicos son más seguros o más sanos que las alternativas convencionales no se entra en cuestiones básicas como la definición de qué entendemos por seguro o sano.

Existen investigaciones que demuestran, por ejemplo, una mayor concentración de vitaminas en productos procedentes de la agricultura orgánica[78].

Igualmente, si lo que estamos debatiendo es si los alimentos orgánicos son mejores para la salud de las personas que los convencionales, podríamos centrarnos en el hecho de que **la alimentación con productos orgánicos reduce la exposición del consumidor a sustancias tóxicas y peligrosas para su salud.**

En el contexto europeo contamos con una interesante normativa de producción ecológica, cuyos objetivos, para la protección del consumidor, son:

- Asegurar un sistema viable de gestión agrario que:
  - Respete los sistemas y los ciclos naturales y preserve y mejore la salud del suelo, el agua, las plantas y los animales y el equilibrio entre ellos,
  - Contribuya a alcanzar un alto grado de biodiversidad,
  - Haga un uso responsable de la energía y de los recursos naturales como el agua, el suelo, las materias orgánicas y el aire,

- ○ Cumpla rigurosas normas de bienestar animal y responda a las necesidades de comportamiento propias de cada especie;
- Obtener productos de alta calidad;
- Obtener una amplia variedad de alimentos y otros productos agrícolas que respondan a la demanda de los consumidores de productos obtenidos mediante procesos que no dañen el medio ambiente, la salud humana, la salud y el bienestar de los animales ni la salud de las plantas.

Lo dicho, ecológico es mejor para tu salud, la del sistema agrario y la de los ecosistemas naturales. Está científicamente demostrado y convenientemente legislado. Y el que opine lo contrario que defina qué entiende por nutritivo y haga un estudio al respecto. En cualquier caso, hay buenas razones para consumir productos orgánicos, con independencia de su capacidad nutritiva.

Productos ecológicos en el sector vegetal y ganadero

La normativa relativa a la producción agraria ecológica[79] es el marco para un *sistema general de gestión agrícola y producción de alimentos que combina las mejores prácticas ambientales, un elevado nivel de biodiversidad, la preservación de recursos naturales, la aplicación de normas exigentes sobre bienestar animal y una producción conforme a las preferencias de determinados consumidores por productos obtenidos a partir de sustancias y procesos naturales.*

Dicho sistema se establece partiendo de una premisa básica *los métodos de producción ecológicos desempeñan un papel social doble, aportando, por un lado, productos ecológicos a un mercado específico que responde a la demanda de los consumidores y, por otro, bienes públicos que contribuyen a la protección del medio ambiente, al bienestar animal y al desarrollo rural.*

El reglamento es de voluntario cumplimiento para aquellos productores que quieran diferenciarse en el mercado: acogiéndose a este sistema de reconocimiento que les permite la utilización del logotipo comunitario de producción ecológica[80].

Existen otros mecanismos para la diferenciación de alimentos (y otros productos y servicios) "saludables" o "verdes" desarrollados por las propios las marcas o los distribuidores, pero ni tienen las garantías de estar controlados por la Administración ni se apoyan en normas públicas aprobadas en un proceso legislativo.

Por eso es importante que el marco jurídico comunitario que regula el sector de la producción ecológica asegure la competencia leal y un funcionamiento apropiado del mercado interior de productos ecológicos.

Entre sus objetivos figuran mantener y justificar la confianza del consumidor en los productos etiquetados como ecológicos. También establece condiciones en las que este sector pueda progresar de acuerdo con la evolución de la producción y el mercado.

La función de la normativa sobre agricultura ecológica es definir explícitamente los objetivos, los principios y las normas aplicables a la producción ecológica para contribuir a la transparencia y la confianza de los consumidores, así como fijar una definición armonizada del concepto de producción ecológica.

Así pues, **cuando compramos alimentos etiquetados con el símbolo de la agricultura ecológica tenemos ciertas garantías sobre el origen de lo que vamos a comer.** En concreto:

* La producción vegetal se basa en la nutrición de las plantas, principalmente, con los recursos del ecosistema edáfico, permitiendo un aporte justificado, limitado y controlado de abonos y de acondicionadores del suelo. Se prohíbe la producción hidropónica.

* La utilización de plaguicidas está restringida y se establecen condiciones a la utilización de productos fitosanitarios. Se concede prioridad a la aplicación de medidas preventivas de control de las plagas, las enfermedades y las malas hierbas.

* El enfoque global de la agricultura ecológica requiere una producción ganadera vinculada con la gestión de terrenos agrícolas. El estiércol generado se destina a mantener la fertilidad de la tierra. Para evitar la contaminación del suelo y el agua causada por los nutrientes, se fijan límites a

la utilización de estiércol en función de su contenido en nitrógeno.

- Se restringe el uso de organismos modificados genéticamente.

- En la producción ganadera ecológica, a la hora de elegir las razas se tiene en cuenta su capacidad de adaptación a las condiciones locales, su vitalidad y su resistencia a las enfermedades, fomentando la diversidad biológica.

- Se establecen condiciones de alojamiento específicas y los métodos de cría de determinados animales, incluidas las abejas, en función de las necesidades de cada especie en materia de ventilación, luz, espacio y comodidad, proporcionando superficies que permitan a los animales moverse libremente y desarrollar su comportamiento innato.

- En la medida en que las condiciones meteorológicas lo permitan, los animales deben tener acceso permanente a espacios al aire libre.

- El ganado ha de alimentarse de pastos, forrajes y alimentos obtenidos conforme a las normas de la agricultura ecológica, preferentemente procedentes de la propia explotación, teniendo en cuenta sus necesidades fisiológicas.

- La gestión de la salud de los animales debe centrarse en la prevención de las enfermedades. Se prohíben las mutilaciones que produzcan a los animales tensión, daños, enfermedad o sufrimiento.

6 respuestas desde la agricultura ecológica

¿Por qué la llamada agricultura ecológica quiere renunciar a todo el progreso en forma de tratamientos y fertilizantes que ha permitido a la agricultura "industrializada" que sobre comida en el mundo?

La agricultura ecológica regulada como tal legalmente, no renuncia al uso de tratamientos y fertilizantes ni da la espalda al progreso.

Más bien al contrario, incorpora aquellos avances que permitan **seguir alimentando a la población mundial** a largo plazo, **con un criterio de sostenibilidad que incluye las variables social y ecológica.**

Y lo hace promocionando los usos y tratamientos más respetuosos con el ecosistema que hace posible la producción agraria.

Adicionalmente, no está de más recordar que vivimos un presente de concentración del personal en núcleos urbanos, con un excedente de mano de obra que no encuentra empleo, frente a la despoblación del medio rural, en el que un modelo agrario más cercano a la sostenibilidad podría ser una interesante fuente de ocupación e ingresos.

Igualmente, abordamos un futuro en el que los combustibles fósiles van a ser cada vez más escasos y caros, por lo que toca ir generalizando alternativas de producción agrícola que no dependan intensivamente de los insumos que sólo nos pudimos permitir en un agotado escenario de petróleo barato e ilimitado[81].

¿Por qué seguir utilizando estiércol como fertilizante, con los problemas asociados de contaminación fecal y exceso de nitratos?

Los problemas asociados a la contaminación fecal y el exceso de nitratos se deben a un mal uso, por parte del sistema industrial de producción intensiva, de ese estiércol. Si se cumpliesen los requisitos legales en cuanto a la gestión y aplicación posiblemente no se produciría esa contaminación.

La fertilidad natural del suelo depende de su contenido en materia orgánica. La agricultura convencional industrializada elimina esa fertilidad natural permitiendo el cultivo en suelos que apenas contienen materia orgánica, con lo que se agudizan los problemas de erosión y contaminación por nitratos y otros agroquímicos que no quedan retenidos en el suelo destinado a cultivo.

En cualquier caso, algo hay que hacer con el estiércol. ¿Qué mejor que cerrar un ciclo natural? Quizá toque "dirigir" ese ciclo y hacer un tratamiento previo adecuado del estiércol. Pero si conseguimos valorizarlo y ahorrar el impacto que supone la fabricación de fertilizantes sintéticos en consumo de combustibles fósiles y producción de gases de efecto invernadero, bienvenido sea.

¿Por qué no usar, que los hay, plaguicidas sintéticos biodegradables?

Si no hay otra alternativa más adecuada su uso estaría permitido. La cuestión es, si un manejo integral del sistema consigue evitar su uso ¿para qué los necesito? ¿para eliminar polinizadores naturales? La plaga y el plaguicida suelen estar asociados a grandes extensiones de monocultivo. Una adecuada gestión del agrosistema reduce el impacto de plagas y la necesidad de plaguicidas.

¿Por qué no usar organismos modificados genéticamente y transgénicos que permitirían aumentar la producción y rebajar el coste? Hasta que no se demuestre lo contrario (y no se ha demostrado en décadas) son alimentos seguros.

No se trata tanto de un problema de "seguridad genética" como de seguridad en la **producción alimentaria y distribución de costes.** La agricultura transgénica puede ser barata allí donde se producen las semillas transgénicas y los agroquímicos que permiten sacarles partido.

Pero la agricultura ecológica es mucho más barata y productiva, en términos absolutos, donde se practica con variedades locales adaptadas y seleccionadas por su capacidad de crecer y fructificar en el territorio donde se cultivan.

La pega de **la agricultura transgénica es el modelo de negocio y su impacto sobre los ecosistemas.** En lugar de adaptarse a las circunstancias locales, plantea la creación de semillas y plantas resistentes a tratamientos agresivos con todo lo que no sea esa semilla, arrasando con insectos, bacterias y vegetales que juegan su papel dentro del ecosistema agrario. Y parece que tampoco es tan eficaz como propone.

¿Por qué no se establecen normas que definan el impacto ambiental más allá de la producción? Si produces un alimento de forma que minimice el impacto ambiental pero luego lo vendes íntegramente a Japón,

¿no es un poco incoherente? ¿Cómo casa esto con la "soberanía alimentaria"?

Porque la normativa de agricultura ecológica se refiere a producción agraria. Si hemos minimizado el impacto en la producción, mantenido la fertilidad natural del terreno, la máxima biodiversidad compatible con el uso agrario, reducido el consumo de materiales procedentes de fuentes no renovables... ya hemos hecho algo.

Queda mucho por hacer, claro que sí, pero **la regulación del transporte de alimentos quizá no sea una cuestión de la agricultura ecológica si no de comercio internacional.** Quizás son los grandes grupos internacionales de producción de transgénicos y fitosanitarios los más interesados en que se pueda seguir transportando cualquier alimento a cualquier lugar del mundo y en cualquier época del año, por absurdo que sea.

En cuanto a la soberanía alimentaria, **la producción ecológica presenta ventajas frente a la industrializada convencional y la transgénica:** no depende de mercados internacionales de semillas, fitosanitarios y especuladores en mercados de futuros.

La agricultura ecológica se practica, en la medida de lo posible, con variedades locales adaptadas al entorno donde se cultivan. No tiene por objeto generar excedentes baratos que permitan tirar la comida por criterios estéticos: se centra en satisfacer la necesidad alimentaria presente y permitir a las generaciones futuras satisfacer las suyas.

En definitiva, ¿por qué no usar todas las herramientas de las que disponemos para hacer una agricultura ecológica de verdad y científica?

La agricultura ecológica, llamada así (no ecologista, ni biodinámica, ni esotérica) por basarse en la ciencia que estudia los ecosistemas, avanza en ese sentido. Está regulada legalmente para garantizar los intereses de todas las partes, especialmente los de los consumidores. Y ofrece un sistema transparente de etiquetado, que permite tomar decisiones al respecto.

Quizá toca aceptar que técnicamente posible no es sinónimo de sostenible ni ecológica o socialmente deseable.

Necesitamos homeopatía de venta en farmacias

He tenido una revelación: **necesitamos que las farmacias vendan remedios homeopáticos.** En particular visito una de mi barrio que tiene un cajón enorme etiquetado con un cartel que pone "homeopatía". Hasta hace unos días me ponía un poco nervioso, incluso me incomodaba ese cartel en el cajón. Pero he descubierto que cumple una función social imprescindible.

El otro día delante de mí iba una persona de esas que lo han probado todo contra sus dolencias, a la que la medicina convencional no encuentra respuestas y está desesperada de buscar una mejora a su salud que no llega. Receta en mano, pidió a la dependienta que no le diese lo que le había prescrito su médico, que buscase lo más fuerte que tuviese para lo suyo porque aquello no le hacía nada.

La dependienta, tras un momento inicial de duda, y con el medicamento de la receta en la mano, abrió el cajón de marras y sacó un remedio homeopático. Miró muy seriamente al paciente en cuestión y le explicó que debía seguir con la medicación pautada por el doctor. A la protesta en relación a la falta de resultados recomendó acompañarlo del remedio homeopático, al que atribuyó cualidades potenciadoras de la medicina prescrita.

¿Una forma de hacer más caja? ¿Una mentira piadosa? No lo sé, pero teniendo en cuenta la tendencia patria a la automedicación, la contaminación emergente debida a los restos de medicamentos excretados por nuestro organismo, la resistencia a bacterias y un largo etcétera de efectos sobre el medio ambiente y la salud pública debidos a la falta de responsabilidad con el uso del medicamento, **me parece estupendo que los dependientes de farmacia tengan a su disposición herramientas con las que canalizar las inquietudes del personal**, al menos en lo que aprendemos a leer. Y si es agüita sin interacciones probadas ni efectos secundarios, mejor.

---

[60] http://europa.eu/legislation_summaries/environment/tackling_climate_change/f86000_es.htm

[61] http://grist.org/food/organic-food-may-not-have-a-big-nutritional-edge-but-how-much-does-that-matter/

[62] http://www.greenpeace.org/espana/es/Trabajamos-en/Transgenicos/Problemas-de-los-transgenicos/Efectos-de-los-transgenicos-para-el-medio-ambiente/

[63] http://www.elblogalternativo.com/2009/05/30/efecto-bumeran-en-monsanto-la-venganza-de-la-naturaleza-contra-los-transgenicos-o-como-el-amaranto-se-hace-resistente-al-glifosato/

[64] http://www.etcgroup.org/es/node/190

65 http://grist.org/politics/2009-05-29-monsanto-lobby-2million/

6666 http://www.fao.org/docrep/003/W2612S/w2612s06.htm

67 http://europa.eu/scadplus/leg/es/lvb/l21171.htm

68 http://www.elmundo.es/elmundo/2007/01/21/solidaridad/1169396626.html

69 http://www.lavanguardia.com/salud/20110720/54185838652/j-m-mulet-lo-ecologico-no-es-mas-sano-ni-mas-bueno-para-el-medio-ambiente.html

70 http://www.fao.org/organicag/oa-faq/oa-faq7/es/

71 http://www.fao.org/docrep/014/mb060e/mb060e.pdf

72 http://dlc.dlib.indiana.edu/dlc/handle/10535/5088

73 http://www.tendencias21.net/La-agricultura-ecologica-convierte-los-cultivos-en-autenticos-sumideros-de-CO2_a40335.html

74 http://www.fao.org/Newsroom/es/news/2006/1000448/index.html

75 http://journals.plos.org/plosone/article?id=10.1371/journal.pone.0167777

76 http://www.greenpeace.org/espana/Global/espana/2016/report/transgenico/20-years_spain_web.pdf

77 http://www.nature.com/nature/journal/v478/n7369/full/nature10452.html

78 http://www.ncl.ac.uk/afrd/research/publication/168871

79 http://eur-lex.europa.eu/JOHtml.do?uri=OJ:L:2008:250:SOM:ES:HTML

80 http://ec.europa.eu/agriculture/organic/home_es

81 http://richardheinberg.com/188-what-will-we-eat-as-the-oil-runs-out

Residuos

"El agua y el aire, los dos fluidos esenciales de los que depende la vida, se han convertido en los basureros del planeta"

Jacques Yves Cousteau

Hay que reciclar, machotes

Un estudio señala que los hombres manchan más y reciclan menos para preservar su identidad de género[82].

¿De verdad? ¿Ser un machote implica ser más guarro y generar más impacto en el planeta? Yo que creía que la cosa iba de contribuir al cuidado de la casa común... Quizá no sea más que uno de esos titulares de verano, pero la cuestión es que no podemos perder de vista que **el reciclaje no es cuestionable.**

Necesitamos **debatir sobre el modelo de recogida de residuos,** sobre el baile de cifras y estadísticas sobre reciclaje, cuestionar los datos… pero en una sociedad con el modelo de consumo de usar y tirar en el que vivimos: hay que reciclar.

La economía circular es la utopía que tiene que inspirar los siguientes cambios hacia un sistema productivo más sostenible: una vez que no hemos sido capaces de evitar la generación de un residuo y no podemos reutilizarlo reciclar es la solución[83].

La participación en el modelo de recogida es clave para que realmente nuestros residuos puedan recuperarse y valorizarse. Quizá podemos plantear alternativas más o menos válidas a la forma en la que repartimos nuestros residuos en los contenedores, pero hay que utilizarlos con criterio.

No vale decir que no reciclo para no hacerle el negocio a otros: si no separamos en casa es imposible que otros reciclen toda nuestra basura.

La cuestión es preocupante, porque, dados como estamos a la cuestión identitaria, lo mismo crea tendencia y, qué se yo, se convierte en una forma de sentirse más español[84] o más murciano[85].

Tampoco vale decir que no reciclo para reafirmarme en el género que me ha tocado en la lotería del reparto de genitales.

Quizá tengamos que tener en cuenta los estudios sobre comportamiento ambiental y estereotipos de género[86] a la hora de diseñar campañas de concienciación en medio ambiente, pero seguro que -en caso de que mereciese la pena hacerlo- hay otras formas de reafirmarse en la identidad de género que no implican cargarse el planeta que compartimos.

Es más, la identidad de género no es algo estático e inmutable. Mientras que las campañas publicitarias siguen haciendo un uso primitivo del sexo (bien por tratar a la mujer como florero y ama de casa, bien por apelar al instinto primario irracional para llamar la atención del macho o, en menor medida, de la hembra), el papel del hombre en la sociedad, la familia y como consumidor ha evolucionado significativamente.

Quizá también habría que cambiar la forma en la que ofrecemos a la sociedad los mensajes sobre reciclaje. ¿Podemos aprovechar nuevos recursos más allá de los nichos de consumo específicamente diferenciados para vender a personas (del género o identidad sexual que sea) con tendencia a la compra compulsiva de accesorios de moda?

No es la gestión de envases, es el modelo de consumo

El apasionante debate sobre el modelo de gestión de residuos de envases es algo más que la lucha entre un sistema basado en el contenedor amarillo y otro centrado en los envases retornables.

Quizá se ha simplificado demasiado el discurso, centrándolo en cuestiones que, siendo muy importantes, no permiten enfocar adecuadamente el problema: **la cuestión no está en cómo gestionamos los residuos de envases, está en qué modelo de consumo favorecemos con esa gestión.**

En principio, nuestra sociedad está muy concienciada con el problema: tenemos bien grabadas en nuestra mente las imágenes de tortugas con caparazones deformados por las anillas de plástico en las que se comercializan los paquetes de latas de bebidas, cetáceos varados con toneladas de bolsas de plástico en su interior, aves marinas muertas de inanición con su estómago lleno de tapones de botellas de refrescos…

El diagnóstico está claro: nuestra sociedad genera demasiados residuos de plástico que acaban donde no deberían. ¿Cuál es la solución? Pues no hay una respuesta fácil, pero sí varios enfoques:

- **Responsabilidad ampliada del productor:** esta es la respuesta legal, responsabilizar a quienes hacen un negocio que implica la puesta en el mercado de productos que con su uso se convierten en residuos. En teoría, trasladando los costes de la gestión de los residuos que se generan como resultado de su negocio a los agentes económicos implicados en la venta de productos envasados se puede conseguir una respuesta de mercado que acabe con el problema. ¿Hemos resuelto el asunto de los residuos de envases con el punto verde?

- **Reciclar:** si recuperamos los materiales residuales y los metemos de nuevo en un proceso industrial que los convierta en materias primas atacamos varios problemas de golpe. Reducimos la necesidad de extraer materias primas de la naturaleza, disminuimos el gasto energético y las emisiones de efecto invernadero, hacemos algo con los residuos para que no sea necesario depositarlos en vertederos o abandonarlos en el océano. Con un marco legal adecuado el reciclaje puede ser un negocio en sí mismo, generar puestos de trabajo... ¿quién paga el reciclaje? ¿Los del punto anterior? ¿Los consumidores a los que trasladan esos costes?

- **Reutilizar:** si podemos dar a un residuo el mismo uso para el que fue fabricado estaremos evitando la necesidad de eliminar ese residuo y la de fabricar ese producto de nuevo. Cuanto más pueda reutilizar algo menos unidades de eso mismo se necesitan poner en el mercado, menos materias primas se consumen, menos unidades se transportan, menos residuos generan... Muy bonito, pero ¿esto no reducirá la actividad económica?

- **Ecodiseño:** plantear criterios ecológicos cuando se desarrolla una idea que acabará siendo un producto de consumo puede servir para reducir significativamente su impacto ambiental, social y, por qué no, económico. En este ámbito tendríamos que tomar decisiones: ¿Diseñamos para facilitar el reciclaje o la reutilización? ¿Quién hace el ecodiseño, el que pone el producto en el mercado o quién sufre los impactos ambientales de ese producto? ¿Los usuarios finales?

Así pues, podemos reducir la cantidad de residuos que ponemos en el mercado reciclando, reutilizando, diseñando productos más eficientes... o consumiendo menos. No hay que olvidar que el residuo con menor impacto es el que no se produce: **la prevención es la clave si queremos reducir el daño que causamos al medio ambiente.**

Es más, si consumimos menos también disminuimos el impacto en materias primas, transporte de productos elaborados, etc. Con un claro impacto para nuestro bolsillo: gastar menos. Pero… ¿podemos consumir menos? Pues según los datos que vemos, por ejemplo, de despilfarro alimentario[87], parece que sí. ¿De verdad tiramos a la basura más del 40% de los alimentos que compramos[88]? En mi casa no, pero parece que, de media, los hogares españoles lo hacen. ¿Cómo es posible?

Pues básicamente por el modelo de consumo en el que vivimos. Sí, quizá es necesario para soportar las jornadas de trabajo en las que estamos metidos y mantener un ritmo de vida que nos permita generar los ingresos para tener una mínima calidad de vida. O quizá sea un círculo vicioso a estudiar e intentar evitar.

El caso es que, quien más, quien menos, caemos en el consumo compulsivo, no planificamos adecuadamente nuestras dietas y se nos estropea la comida en la nevera, se nos caducan productos en el armario antes de consumirlos...

No es el único culpable, pero ayuda mucho el envase de usar y tirar. Llegamos al hipermercado, un envoltorio atractivo nos llama la atención y lo echamos al carro de la compra. Con otros 100 euros de productos variados.

Llegamos a casa, los clasificamos como podemos entre nevera, armarios, despensas... Y al final resulta que esa semana no come nadie en casa. No da tiempo a acabarse todos los yogures del "pack" antes de la fecha de consumo preferente ¿se los vas a dar al niño así? Las lonchas de queso mohosas antes de abrir el paquete, el embutido que huele a podrido cuando lo sacamos del sobre de plástico, esa red de patatas o cebollas que no podemos cocinar antes de que se estropee la mitad...

Quizá no todos podemos acudir a comprar a granel o no tenemos una frutería a mano en la que comprar las patatas que necesitamos para los guisos de la semana. O las manzanas en la cantidad adecuada para nuestra dieta y no según el criterio del distribuidor que las pone en bandejas retractiladas en los lineales del hipermercado.

Pero lo que sí podemos hacer es reflexionar sobre cómo el envase de usar y tirar condiciona nuestra forma de consumir, entre otras muchas cosas, alimentos. En primer lugar porque **las cantidades vienen definidas por un agente distinto del consumidor,** luego, difícilmente, el criterio sobre esa cantidad será la necesidad del consumidor.

¿Por qué tengo que llevar 5 kilos de patatas o media docena de cebollas? ¿No se pueden comercializar yogures de uno en uno? ¿Qué pasa si quiero 16 lonchas de queso -por ejemplo si en mi casa comemos sándwich de 8 en 8 con dos lonchas en cada uno- cuando las venden en paquetes de 12? ¿Me llevo 24 a casa y dejo que 8 se estropeen? ¿Me acordaré la próxima vez que acuda al hipermercado de que hay ocho lonchas de queso en alguna parte de la nevera o compraré otra vez dos paquetes, por si acaso?

Siguiendo con este último razonamiento: **el envase de usar y tirar favorece un tipo de consumo irresponsable, basado en decisiones compulsivas en los pasillos del hipermercado.**

Si tuviésemos un modelo basado en envases retornables lo primero que haríamos antes de ir a la compra, al menos una parte importante de los consumidores, es **coger los envases vacíos para devolverlos** a los establecimientos donde los compramos. Este gesto nos **incentivaría a planificar la compra y hacer un consumo más responsable.**

No cargaríamos otro paquete de latas de refresco alegremente "por si acaso", quizá reflexionaríamos sobre cuantas cervezas nos quedan en la nevera y cuantas nos vamos a tomar hasta la próxima compra.

No digo que sea la solución a la compra compulsiva o el remedio para el despilfarro alimentario, pero un modelo apoyado en el envase retornable favorece decisiones distintas a las que fomenta sistema centrado en el envase de usar y tirar.

Actualmente los consumidores tenemos la conciencia bastante tranquila. **Anuncios y publicidad buenista nos permiten olvidarnos del impacto de nuestro modelo de consumo:** como tiro los envases al contenedor amarillo ya estoy haciendo mi parte. El sistema no nos hace reflexionar sobre si podemos consumir menos o hacerlo de otra manera. En muchos casos ni siquiera tenemos tiempo para comprar fuera de las grandes superficies comerciales de horarios infinitos, pero nos sentimos bien porque "en casa reciclamos".

Nuestras propias prisas, la necesidad del aquí y ahora, no nos dejan ver que estamos cerrando las tiendas de barrio y el comercio de proximidad porque preferimos gastarnos el dinero en bandejas de poliestireno y láminas de plástico que separan lonchas de embutido.

Podríamos gastarnos lo mismo en producto lonicheado por el charcutero envuelto en una hoja de papel impermeabilizado, pero es más cómodo comprar plástico pintado de llamativos colores. Y ya puestos nos llevamos unas cómodas botellas de agua mineral, no sea que rellenar una jarra o una cantimplora del grifo sea un sacrificio demasiado elevado incluso para nuestra conciencia ambiental.

¿Se dan cuenta que casi todos los anuncios de reciclaje incluyen felices consumidores de botellas de agua? ¿No sería mejor mensaje ambiental "bebe del grifo y ahorra todo este plástico al planeta"?

Así pues, **el debate sobre el modelo de gestión de residuos de envases no es inocente.** Y, efectivamente, hay grandes intereses económicos detrás. Administraciones, consumidores, gestores de residuos, fabricantes de envases, distribuidores... todos nos jugamos mucho.

Y hay quien tiene miedo a vender menos. Los fabricantes de latas y botellas de plástico, evidentemente, están interesados en el reciclaje. Reducir el número de envases puestos en el mercado, (bien directamente por un consumo consciente, bien mediante sistemas de reutilización) reduciría el margen de beneficio de su modelo de negocio. Ellos apuestan claramente por el reciclaje y atacan abiertamente los sistemas de depósito devolución y retorno.

No son los únicos. Las grandes marcas de alimentación y bebidas, así como los grandes distribuidores de estos productos están en las mismas. Tienen miedo de un consumidor responsable, que se pare a pensar antes de echar productos al carro de la compra. A pesar de sus campañas y políticas de responsabilidad corporativa, quieren que consumas más y más de los productos que ponen en el mercado. Lo contrario, curiosamente, sólo pasa en el sector del agua de grifo[89].

Un modelo basado en envases retornables es una amenaza para los grandes intereses de los defensores del reciclaje. Quizá sea un ahorro para los consumidores. Y para las administraciones responsables de la gestión de residuos. Pero algunos tienen miedo de vender menos. Por eso financian estudios sesgados con los que atacar sistemas distintos del envase de usar y tirar o nos mienten descaradamente cuando nos hablan de reciclaje.

La cuestión es ¿qué modelo de consumo quieres? ¿Prefieres los envases de usar y tirar, con todo su impacto ambiental, económico y social? ¿Tienes la conciencia tranquila con el modelo de reciclaje actual? ¿Te gustaría tener un horario laboral que no te hiciese esclavo de las grandes superficies y sus intereses comerciales?

Para reciclar más necesitamos más envases de usar y tirar

¿Tenemos que alegrarnos cada vez que se nos dice que han aumentado los datos de reciclaje?

Cada vez son más las **campañas que nos hablan de los beneficios del reciclaje de envases.** Y, efectivamente, frente a la opción de abandonarlos a su suerte, dejarlos ensuciando nuestras ciudades o contaminando durante siglos nuestros campos, ríos, lagos, mares y océanos, el reciclaje es una buena opción.

Reciclarlos también es preferible, en términos económicos y ambientales, a depositarlos en vertederos o eliminarlos en incineradoras. El plástico presente en la inmensa mayoría de nuestros envases procede de petróleo extraído en otros lugares del mundo desde los que hay que importarlo, transportarlo, procesarlo... sí, mejor reciclarlo que enterrarlo o quemarlo emitiendo gases de efecto invernadero.

La cuestión es que **tanto los plásticos como los metales son materiales que podríamos valorizar de muchas formas distintas.** El reciclaje es una opción cómoda, sobre todo, para el fabricante. Si diseña un envase de usar y tirar no tiene que preocuparse de cómo rescatarlo para su reutilización.

La recogida selectiva mezcla todos los envases en un contenedor amarillo, los lleva a una planta de clasificación y rescata lo que buenamente pueda. Entre un 40 y un 70% según una estimación rápida que cualquiera puede hacer con los datos oficiales de la Comunidad de Madrid[90]. Así pues, la recogida selectiva de envases de un sólo uso no acaba con la necesidad de vertederos e incineradoras, dejando una parte importante de los envases sin reciclar y sin ofrecer otras opciones de valorización.

Pero **con los materiales recuperados difícilmente se pueden volver a fabricar los mismos envases de los que proceden.** Una vez mezclados, los plásticos de distinta composición dan lugar a materiales de calidad y características diferentes. Podemos utilizar el plástico procedente del reciclaje para fabricar mobiliario urbano, pero ¿podemos utilizarlo para volver a hacer film transparente o botellas?

Parece que a pesar de presentarse como respetuoso con el medio ambiente y sostenible, **el modelo de envases de usar y tirar genera una demanda creciente de materias primas** para seguir fabricando esos envases, a la vez que provoca la necesidad de buscar aplicaciones para el material procedente del reciclaje parcial de sus residuos.

Tampoco podemos olvidarnos de una sociedad cada vez más concienciada con las repercusiones sociales, ambientales y económicas de su forma de consumir. Personas que se cuestionan si deben dejar sus ingresos en manos de corporaciones sin rostro que los utilizarán para especular, o si es mejor acudir al consumo de proximidad: comprar los alimentos a sus vecinos, con quienes pueden charlar y a los que ven cómo cultivan la tierra. Con los que pueden debatir sobre qué fitosanitarios aplican en los cultivos y a los que pueden pedirles que les entreguen las legumbres, encurtidos o frutas vendidas a granel en envases reutilizables que traen de sus propias casas.

Si los consumidores rechazamos el envase de usar y tirar por -entre otros- motivos ambientales, la industria del envase de un sólo uso responde intentando tranquilizar nuestras conciencias, intentando convencernos de que 9 de cada 10 latas se reciclan (eso sí, sin decirnos en qué datos se basa tal afirmación).

Una sociedad más sostenible no quiere comprar productos en envase reciclable: busca reducir su impacto utilizando menos envases. El problema de las **latas de refresco es que son envases de usar y tirar:** diseñados para que la única opción de valorización posible sea el reciclaje. Las que no entran por esta vía se pierden, en el mejor de los casos, en el vertedero.

Así pues, salvo que tu modelo de negocio dependa de que cada vez se pongan más envases en el mercado, de que cada vez se generen más residuos, de que se reciclen cada vez más residuos de envases o de una combinación de las anteriores, se me ocurren pocos motivos para desear que siga aumentando el dato del reciclaje.

Y sí, **lo deseable es mejorar las tasas de reciclaje**: la comparación entre el número de envases que se pone en el mercado y la cantidad de los mismos que efectivamente se recicla. Estoy totalmente de acuerdo. Ojala algún día podamos conocer esos datos[91], su evolución y cómo se relaciona la tasa de reciclaje con otras opciones de valorización.

¿Podemos evitar los incendios en instalaciones de gestión de residuos?

Desde que la combustión de los neumáticos acumulados en Seseña[92] diese la señal de alarma, los incendios en instalaciones de gestión de residuos han pasado a la primera plana de la actualidad. Eso sí, algunos puestos por detrás de la devastadora realidad de los incendios forestales donde, desgraciadamente, seguimos perdiendo mucho cada año.

Pero lo cierto es que antes del interés mediático sobre los incendios en la industria de la recuperación de residuos estos desastres también ocurrían. Si tirásemos de la hemeroteca de sucesos comprobaríamos que todos los años alguna instalación de gestión de residuos se prende fuego[93].

En toda España son muchas las plantas que se dedican a la recogida, almacenamiento y tratamiento de residuos. Varios miles de ellas dedicadas sólo a materiales no peligrosos. Se trata de una actividad imprescindible para conseguir que aquellas cosas de las que nos desprendemos puedan llegar a convertirse en materias primas. Una parte clave de la manida economía circular. La menos elegante, pero la más necesaria en nuestro modelo de consumo de usar y tirar.

Las causas de estos desafortunados acontecimientos son muy diversas y complejas de estudiar. En parte condicionadas por un modelo de negocio especulativo en el que, para bien o para mal, **el beneficio de las empresas que se dedican a la gestión de residuos depende de las fluctuaciones del precio de mercado de las materias que recuperan.**

El resultado es que el negocio se basa, al menos en parte, en la capacidad de almacenar grandes cantidades de una cierta variedad de materiales a la espera de que se paguen unos céntimos más por cada kilo que se venda. La diferencia en 10 toneladas puede ser importante. Pero el riesgo de juntar toneladas del plástico, papel, cartón, en montañas separadas por tipos de plástico o calidades de papel -en ocasiones cerca de materiales inflamables y comburentes- está presente: grandes cantidades de material combustible que cuando empieza a arder tarda días en ser apagado.

También influye la **escasa percepción del riesgo:** ni los trabajadores ni los responsables suelen tener una adecuada conciencia del peligro de incendio en sus instalaciones. La experiencia del día a día, en la que nunca pasa nada, nos mantiene abstraídos de la realidad, hasta que pasa. Incluso, cuando ocurrió algo relativamente grave, circunstancialmente se pudo solventar de una manera más o menos afortunada: que si una pila de residuos de un material ignífugo que impidió que un conato de incendio pasase a mayores, que si el desprendimiento de chatarra que apagó una paca de papel ardiendo…

Pero si analizásemos los sucesos podríamos comprobar que, en ocasiones, todas las circunstancias soplan a favor de las llamas: incendios que se inician de madrugada cuando no hay nadie para detectarlos a tiempo, que ocurren cuando falla el sistema de extinción de incendios, que si el aljibe del polígono está sin agua en el peor momento…

La sombra de la intencionalidad planea también sobre estos incendios. Así pues, cuando queda la duda de que el incendio es provocado la lista de sospechosos es interminable: la feroz competencia, clientes insatisfechos, empleados quemados, antiguos trabajadores, despidos más o menos recientes, vecinos insomnes…

Se trata de un negocio con muchos incentivos perversos. De vez en cuando alguien mete mano en los residuos para sacarse un sobre sueldo y acaba quedándose sin la nómina con la que pagaba las facturas. Sisar preservativos destinados a destrucción para ponerlos ilegalmente en el mercado es suficientemente grave como para que intervenga la Policía Nacional, pero la tentación de desviar al mercadillo todo tipo de productos descartados en procesos de fabricación o vender de segunda mano los equipos enviados a destruir por la empresa que confía en la que los recoge, está a la orden del día. ¿Cómo influye en el precio del mercado del reciclaje la desaparición de una buena pila de neumáticos?

El caso es que es difícil combatir los incentivos perversos y, sobre todo, los incendios provocados, pero sí se pueden dar soluciones para mejorar la prevención y gestión de riesgos en plantas de reciclaje:

- **Gestionar los riesgos**: me consta que varias de las empresas de reciclaje que han ardido este verano contaban con sistemas certificados, al menos, en los modelos ISO 14.001 e ISO 9.001. ¿Es suficiente? Contar con sistemas de gestión normalizados no parece garantía para evitar que una fábrica salga ardiendo. Son una buena herramienta para identificar, evaluar y gestionar los riesgos, siendo esa la función que deben cumplir, en tanto que un incendio en la instalación tira por tierra en unas pocas horas la labor de prevención de contaminación llevada a cabo en el día a día durante décadas. Nos corresponde a todos los implicados, consultores, auditores y responsables de sistemas de gestión hacer un mayor esfuerzo para que el certificado realmente aporte valor a las empresas, a ser posible previniendo accidentes como los incendios.

- **Mirar al futuro**: muchas de las empresas de gestión de residuos en España son empresas familiares con una interesante historia de superación y emprendimiento. Un abuelo con una carreta tirada por mulas que llevaba cosas de un lado para otro, un hijo que empezó a tratar con empresas y un nieto exitoso que cada año incorpora más camiones a una flota que no para de crecer. Todos ellos luchando contra requisitos legales que no terminan de asimilar. Que ponen en riesgo la continuidad de su negocio concentrando un alto porcentaje de su actividad en un único y caprichoso cliente. O respondiendo a propuestas de consultoría con un "eso siempre lo hemos hecho así". Evidentemente, nadie conoce mejor su empresa que quien la funda y mantiene, pero hay que estar atento a muchas señales: evitar el pan para hoy y hambre para mañana es el reto de un sector que amortiza a largo plazo las decisiones tomadas para aprovechar oportunidades fugaces en una realidad que cambia muy deprisa.

- **Cubrir las instalaciones**: tratar los residuos es una actividad sucia y ruidosa. Nadie la quiere cerca de su casa, tanto es así que está plagada de ejemplos del llamado efecto "NIMBY"[94]. Tradicionalmente se ha ejercido lejos de los núcleos urbanos y a cielo descubierto, en tanto que el escaso margen de beneficio sólo permite hacer la actividad en suelo barato y con la mínima inversión. Pero la especulación y la falta de una planificación urbanística adecuada complicaron las cosas: nuevos desarrollos urbanísticos con preciosos ventanales asomando a los ruidos, olores y partículas de la vieja chatarrería -que se ha convertido en un centro de clasificación de residuos trabajando a pleno rendimiento-. Pero claro, el político que no fue capaz de organizar el crecimiento de la ciudad tampoco está legitimado para pedir al gestor de residuos que haga sus actividades en naves cerradas. Y el conflicto está servido. Quizá hubiese sido más difícil incendiar el montón de cartón si hubiese estado cerrado bajo techo, pero la experiencia demuestra que las llamas saltan muros.

- **Aumentar las inspecciones:** las empresas de gestión de residuos están sometidas a legislación ambiental, de seguridad industrial, laboral… una cantidad importante de requisitos que no haría falta seguir ampliando o complicando si tuviésemos una inspección eficaz que obligase a todos los operadores a realizar sus actividades conforme a las mismas reglas. El cumplimiento de la normativa tampoco es suficiente para evitar los incendios en instalaciones industriales, pero un aparato de inspección y (sobre todo) sanción adecuado ayudaría a incorporar en el día a día unos requisitos legales que, supuestamente, se han establecido para reducir el riesgo de causar daños al entorno y a la salud de las personas. Y para sacar del tablero a esa competencia desleal que daña al sector operando sin respetar las reglas del juego.

- **Responsabilizar a toda la cadena de valor del residuo:** desde los productores de residuos que no quieren asumir el coste ambiental y social de la ineficiencia de sus procesos a sanciones para los auditores que aceptan información contable inexacta y no contrastada. La generación de residuos es el resultado de toda la cadena de valor del proceso productivo y no basta con repercutir sus costes al precio final del producto o buscar la forma más barata, por irresponsable que sea, de desprenderse de los residuos. Colaborar con los que retiran, clasifican y preparan la basura para que pueda ser utilizada como materia prima debería ser una prioridad en cualquier actividad económica.

- **Mejorar la trazabilidad de los datos**: por más que se repita en grupos de trabajo y llenemos las memorias de sostenibilidad de la palabra trazabilidad, la información en materia de residuos brilla por su opacidad. Hasta el extremo de que, en ocasiones, los titulares de las plantas no saben qué tienen almacenado en ellas con un grado de precisión adecuado para el eficaz desarrollo de las labores de extinción de incendios. Los incentivos perversos en este ámbito son muy variados, desde cuestionar las estadísticas oficiales con intereses particulares a escamotear al fisco. La Unión Europea acaba de dar un toque al respecto a cuenta de la correcta identificación de los residuos en la documentación de traslados. Pero por muy ilícito que sea, ¿por qué asignar un código que corresponde a mi residuo si luego en destino no me lo aceptarán? Mejor que lo coja el siguiente de la cadena como buenamente pueda y… bueno ya veremos qué pasa.

- **Reconocer el lucro**: como cualquier otra actividad económica, la gestión de residuos se realiza con ánimo de lucro: invertir en instalaciones y maquinaria, pagar nóminas, seguros sociales e impuestos… La gestión de residuos es un negocio y sólo debería ser sucio por la materia prima con la que trabaja. Deberíamos estar orgullosos de esta actividad y reconocer que, para que sean posibles nuestro modelo de consumo y la -tan deseada- economía circular, necesitamos gente a la que le salga rentable realizar las tareas que implica recuperar materiales para su reciclaje. Dignificar un negocio que nos libra de estar cubiertos de mierda hasta el cuello.

El incendio, a parte de la desafortunada pérdida para el empresario y sus trabajadores, tiene consecuencias que afectan al conjunto de la sociedad y la actividad económica: contaminación (con emisión de sustancias peligrosas que pueden afectar a la salud desde la atmósfera, el agua o el suelo), pérdida de materiales (que ya habían sido recuperados del flujo de residuos) y recursos (todo el esfuerzo invertido en recuperar esos materiales).

Corresponde a los empresarios del sector tomar las decisiones adecuadas para una correcta gestión basada en la prevención de riesgos para su modelo de negocio, sus empleados y el entorno en el que operan. Pero todos y cada uno de nosotros -profesionales y particulares- podemos aportar para que la actividad de gestión de residuos sea un negocio digno y del que nos acordemos también cuando funciona con normalidad, sin levantar inmensas columnas de humo visibles a kilómetros de distancia.

¿Cuántas toneladas de material recuperado se quemaron en 2016?

2016 fue un año muy negro para la gestión de residuos en España[95]. **Las alarmas saltaron con el incendio de Seseña,** poniendo de manifiesto -una vez más- que la complacencia del sector no se corresponde con la realidad[96]. Sin contar la acumulación ilegal de neumáticos, más de veinte instalaciones de gestión de residuos fueron pasto de las llamas en 2016.

Un drama económico, social y ambiental que debería hacernos reflexionar sobre muchas cuestiones. En esta ocasión me voy a centrar en la trazabilidad de la información y los datos sobre reciclaje. Y mi duda es: ¿cuántas toneladas de material recuperado se quemaron en 2016?

¿Por qué me planteo esta pregunta? Por el resultado de los incendios en estas instalaciones de gestión de residuos: toneladas de **materiales calcinados.** Una gran cantidad son **residuos de envases que podrían haberse reciclado de no haberse encontrado con las llamas.**

El resultado de todo el esfuerzo de separación, recogida selectiva, clasificación de residuos, prensado y transporte convertido en humo y cenizas. Las opciones de valorizar todos esos materiales volatilizadas, justo cuando estaban a punto de dejar de ser residuos para convertirse en materias primas.

Porque **el reciclaje no ocurre en el contenedor amarillo.** En el momento en que depositamos nuestros residuos en los contenedores empieza un complejo proceso. Tras la recogida **los residuos se transportan a una planta de clasificación.** Allí, básicamente se separan por tipos de materiales en grandes fardos, balas prensadas…

Y esto tampoco es reciclaje: es la **recuperación de materiales.** A partir de estas plantas de clasificación estos grandes paquetes son transportados a otros centros de gestión donde se vuelven a procesar con el objetivo de mejorar la calidad final del material.

De la planta de clasificación salen con un porcentaje importante de impropios, por lo que suelen ir a instalaciones especializadas en el tipo de material mayoritario, de forma que se consiguen calidades atractivas para otras industrias donde sí se utilizarán los residuos como materias primas.

Esas instalaciones especializadas que reciben papel y cartón, latas, bricks, envases de plástico… -tanto de plantas de clasificación de residuos de envases como de otros orígenes- y los procesan para convertir ese material recuperado en una materia prima que cierre el ciclo del reciclaje. El drama es que muchas de las plantas de residuos que han ardido son de este tipo de instalaciones.

¿Cómo vamos a contabilizar las pérdidas? **El material salió como recuperado de las instalaciones de clasificación de residuos** -y así constará en las estadísticas de reciclaje- **pero** que **nunca llegó a cerrar el ciclo:** humo, cenizas, lixiviados, escorias a vertedero. Toneladas de plástico, latas, botellas, bricks, cartones… que **eran materiales recuperados pasaron a ser impactos ambientales, sociales y económicos.** El sueño de la economía circular convertido en su peor pesadilla: la cadena rota por el eslabón más débil.

Y **no hay forma de compensarlo.** Sí, optimizando la recogida para una mejor gestión de residuos podemos prevenir daños futuros, pero la contaminación causada ya no se puede evitar: paliaremos sus efectos o repararemos los daños… pero **el valor contenido en los materiales, el esfuerzo y el talento puestos en su recuperación, esos no volverán.** El poder de la colaboración no es sólo hacer campañas publicitarias distrayendo la atención sobre las deficiencias del reciclaje, también toca asumir responsabilidades.

¿Conoceremos algún día cuántas toneladas de material recuperado se quemaron en 2016 sin llegar a reciclarse? Quizá no son un porcentaje significativo del total de los residuos gestionados, pero **sería bueno que en futuras estadísticas o informes anuales sobre reciclaje se informase al respecto.**

Sería una interesante contribución de los agentes de la cadena de valor de los residuos de envases para facilitar el estudio del problema de los incendios en las plantas de gestión[97] y nos ayudaría comprender mejor el problema. Entre otras cosas, porque es la única manera de dimensionarlo y proponer soluciones adecuadas.

Deja de reciclar y bebe agua de grifo

Quiero compartir contigo 3 ideas sobre el apasionante mundo de los residuos:

- No podemos fiarnos de los datos que publica la prensa[98].
- Los problemas no acaban cuando depositamos nuestra basura en contenedores de colores[99].
- La solución está en comprar menos envases de usar y tirar.

La Unión Europea dice que los españoles sólo reciclamos el 20% de nuestros residuos urbanos[100]. Por supuesto, los españoles estamos por encima de esta basura de datos. Tenemos universidades, centros de investigación y escuelas de negocios manos a la obra[101]: retorciendo los datos consiguen titulares mucho más atractivos para la prensa... ¿Qué 20%? ¡Los españoles reciclamos el 74%! No, mejor todavía... ¡El 80%!

Mientras lees esto quizá tengas una botella de plástico a mano. No pasa nada, ya sabes qué hacer con ella: eres muy ecológico y la vas a reciclar. Pero hay una solución mucho más sostenible: **enseñando a los niños a beber agua del grifo le ahorramos al planeta el consumo de materias primas y unas cuantas toneladas de residuos.**

Otra estadística: cada uno de nosotros tira unos 1.709 envases al año. Salen a cuatro y pico al día. No sé qué pensará tu nutricionista de que bebas cuatro cocacolas al día, pero para frenar los estragos de la obesidad y la diabetes en los sistemas de salud pública Naciones Unidas ha sugerido un impuesto como el del tabaco para los refrescos[102].

Reciclando nuestra conciencia se queda tranquila, tiro una botella y compro otra nueva, pero… ¿al planeta cómo le sienta tanto envase de usar y tirar? ¿Es suficiente con depositar nuestras botellas de plástico al contenedor amarillo?

Pues no. Amiguitos y amiguitas, os traigo una revelación: **el reciclaje no ocurre en el contenedor amarillo**. Eso es sólo la prerecogida. Después viene un camión, lo lleva todo a una planta de clasificación donde recuperarán lo que buenamente puedan… Alguien tendrá que comprar el material obtenido para utilizarlo como materia prima y hacer esa magia por la que nuestros residuos dejan de ser basura y se convierten en recursos para fabricar nuevos productos que podemos seguir consumiendo y tirando.

Después de todo este proceso sólo somos capaces de reciclar en nuevos envases el 2% de los envases de plástico que se ponen en el mercado.

¿Qué pasa con el resto?

- De cada 100 unas **32 botellas se perderán**: las tiraremos en la calle, en el parque, en el campo, en las playas… de allí, recorriendo más o menos kilómetros, acabarán en el mar, donde poco a poco se irán degradando en pequeños fragmentos[103]. Y como el plástico tiene la manía de no quedarse quieto volverá a casa por Navidad, en forma de pescado. Y no será hoy ni mañana, ni dentro de un mes… pero te acabarás comiendo la botella de plástico de la que bebías cuando te sentase delante del ordenador.

- De las 100, otras **40 botellas irán a vertedero**. Ahora mismo tenemos un camión depositando envases de plástico y latas de bebidas que, en el mejor de los casos, se enterrarán para siempre con otros materiales reciclables.

- Otras 26 se pierden en los procesos de clasificación, se incineran, sufren accidentes, se mezclan con otros residuos que dificultan su reciclaje… sólo 2 de las 100 botellas con las que empezamos el repaso volverán a ser botellas.

¿Qué harías para evitar esta catástrofe económica y ambiental de plásticos que contaminan los océanos e intoxican nuestros alimentos?

Es muy fácil evitar las botellas de plástico[104] y está al alcance de nuestra mano: **para eliminar el plástico de nuestra dieta y la del planeta sólo tenemos que dejar de comprar botellas de plástico y beber agua del grifo**. Cuatro ideas:

- Somos privilegiados con acceso al agua potable y a los envases de plástico. En vez de estar hablando sobre cuántos kilómetros recorremos hasta el pozo más cercano[105] nuestro problema es qué hacer con un residuo fruto de una forma de consumo que muy pocas personas en el planeta se pueden permitir.

- El agua del grifo es segura, de calidad y barata. Si no lo crees mira la factura y calcula cuántos litros puedes sacar del grifo con lo que te costó la botella que tienes a tu lado.

* Los envases reutilizables ayudan a reducir los residuos que generamos. Si el botijo os parece poco práctico podemos pasarnos al acero o al vidrio, más fáciles de reutilizar y de reciclar, no son sospechosos de contaminar los alimentos que contienen y, sobre todo, no se quedan flotando en el océano a la espera de que se los coman los peces.

* Presumamos de las cosas que hacemos bien, que a nadie le dé vergüenza pedir agua del grifo en vez de pagar botellas de plástico.

El planeta, los peces y nuestros hijos nos lo agradecerán.

El punto verde

Ese símbolo circular que has visto en muchos envases, cruce del taijitu y el triángulo del reciclaje, entre lo místico y lo práctico… es el punto verde.

A pesar del nombre, ni es un punto ni tiene que ser, necesariamente, verde. Básicamente por cuestiones monetarias, suele ser de colores que se utilicen en el envase sobre el que va impreso. Generalmente se utiliza el color de fondo del propio envase y otro que contraste. El paquete de pañuelos de papel, la caja de la tarjeta de red, el envoltorio del chicle, el bote de protector solar… cualquier envase es susceptible de llevar este símbolo.

Si se utiliza correctamente, acredita que alguien está pagando para que ese envase se gestione en lo que se conoce como Sistema Integrado de Gestión

(SIG). Es una obligación genérica para los fabricantes de productos que con su uso se convierten en residuos. En el caso de los envases se concreta en la *Ley 11/1997, de envases y residuos de envases* y el reglamento que la desarrolla, aprobado por *Real Decreto 782/1998*.

Estos últimos (con sus modificaciones y demás) establecen obligaciones para los envasadores, distribuidores de productos envasados… La idea es que los agentes económicos implicados pueden optar entre:

- establecer mecanismos para la devolución o retorno;
- participar en un sistema integrado de gestión de residuos de envases y envases usados.

Los que optan por la segunda imprimen el punto verde en los envases, previa adhesión a un SIG.

En la práctica esto se materializa en el sistema de recogida selectiva con contenedores para envases, papel y cartón, vidrio y otras cosas.

Separar bien no es un juego de niños

Cada vez más vemos campañas publicitarias sobre gestión de residuos que resultan polémicas porque en ellas se acusa al ciudadano de no saber o no querer reciclar.

Y es que, por mucho que intentemos simplificar la cuestión, **separar bien los residuos no es un juego de niños**. Podemos empezar por definir qué es separar bien. Habría criterios ecológicos, técnicos, económicos... pero tras años de discusión y búsqueda de soluciones óptimas hemos llegado a una especie de acuerdo social que es la legislación. Y la *Directiva 2008/98/CE del Parlamento Europeo y del Consejo, de 19 de noviembre de 2008, sobre los residuos*[106] es la que "manda" en esta cuestión:

Antes de 2015 deberá efectuarse una recogida separada para, al menos, las materias siguientes: papel, metales, plástico y vidrio

Así pues, ¿qué problema habría con tirar cualquier plástico o metal al contenedor amarillo? Pues que el sistema de gestión de residuos basado en el contenedor amarillo (que pretendía dar cumplimiento a la *Directiva 94/62/CE del Parlamento Europeo y del Consejo, de 20 de diciembre de 1994, relativa a los envases y residuos de envases*[107]) debería estar superado en 2015.

Pero las administraciones públicas siguen intentando convencer a los ciudadanos de participar en un modelo anticuado, obsoleto e ineficiente que debería haberse corregido antes de 2015. Los motivos de la necesidad de este cambio son varios, entre los que destaca la necesidad de un sistema de recogida separada de biorresiduos -según lo dispuesto en la Directiva de Residuos vigente- que permita su compostaje y la digestión, evitando su depósito en vertedero.

Pero quizá habría que volver al juego de niños. **¿Realmente es intuitivo el concepto de envase?** En mi modesta experiencia, siempre me ha resultado más fácil que los niños comprendieran cómo separar residuos atendiendo a los materiales de los que estaban hechos. Es lo natural.

El conjunto de la sociedad habla del contenedor "de los plásticos" cuando se refiere al amarillo, pero **hay quien se empeña en que sigamos contaminando la materia orgánica y dificultando el reciclado de cualquier plástico que no sea un envase ligero.**

Afortunadamente los niños son más listos de lo que algunos adultos creemos, saben que pueden recuperar el valor de los residuos y se organizan para conseguirlo al margen de los sistemas formales de recogida. ¿Han visto los resultados de las recogidas de tapones en colegios para causas solidarias?

Entonces, ¿por qué la Administración pública sepulta tanto dinero en campañas que van contra el modo natural (y legalmente obligatorio para los estados miembro de la Unión Europea) de separar la basura?

¿Dónde tiro un termómetro de mercurio?

Reconócelo, a pesar de que hace años que la Unión Europea prohibió la utilización de mercurio en termómetros para medir la fiebre y otros instrumentos de uso doméstico[108], todavía guardas en el cajón de las medicinas un práctico y fiable termómetro de mercurio. Y haces bien, si funciona no es un residuo. Y mientras sigas utilizándolo evitas la necesidad de fabricar y comprar uno nuevo.

Afortunadamente, mientras que esté en manos de alguien conocedor de los secretos de uso y lectura, el termómetro de mercurio no se va a ver afectado por la obsolescencia programada, con lo que puede seguir indefinidamente en el cajón, sin necesidad de preocuparnos por él.

Pero quizá algún día ocurra el drama y tengamos que deshacernos del termómetro. En el peor de los casos porque se nos ha roto y queremos dar la mejor gestión posible a las bolitas de metal líquido.

Lo primero es recogerlo con cuidado y evitando tocarlo con las manos: podemos utilizar papel o cinta adhesiva. Metemos el mercurio, los restos del termómetro y lo que utilizásemos para recogerlo en un recipiente cerrado que no sea metálico -preferiblemente de plástico o vidrio- y lo dejamos lejos del alcance de los niños y las mascotas.

Y ahora sí, viene la pregunta clave: **¿dónde llevo el termómetro**?

Quizá el primer impulso es llevarlo a una farmacia, donde recogen los medicamentos. Pero el punto SIGRE[109] está destinado a medicamentos, por lo que no aceptará nuestro termómetro. Y mucho menos si está roto.

Entonces, ¿quién recoge el mercurio del termómetro? Tu ayuntamiento. Según la *Ley 22/2011, de 28 de julio, de residuos y suelos contaminados*[110] **la recogida, el transporte y el tratamiento de los residuos domésticos generados en los hogares es un servicio obligatorio que corresponde a las Entidades Locales.**

Como el mercurio es un material peligroso no podemos depositarlo en los contenedores de recogida convencional: si lo juntamos con la materia orgánica la contaminaríamos y, en caso de que se compostase y utilizase como abono, el mercurio pasaría a los alimentos o a los ecosistemas, pudiendo entrar en nuestra cadena alimentaria en forma de tomate.

En los otros contenedores el riesgo es que los operarios de gestión de residuos (en cualquiera de las fase de recogida, clasificación, tratamiento…) entren en contacto directo con ese mercurio, que se disgrega y evapora con relativa facilidad, por lo que puede acabar inhalado.

La ley de residuos también establece que las Entidades Locales habilitarán espacios, establecerán instrumentos o medidas para la recogida separada de residuos domésticos a los que es preciso dar una gestión diferenciada bien por su peligrosidad, para facilitar su reciclado o para preparar los residuos para su reutilización.

Es decir, si en mi hogar se genera un residuo doméstico peligroso que no puedo depositar en los contenedores normales de basuras, el ayuntamiento tiene que poner a mi disposición alguna forma de recogida de ese residuo para evitar que cause daños al medio ambiente y la salud de las personas. Esa instalación suele ser un punto limpio, fijo o móvil, donde se me permite llevar este tipo de residuos.

En teoría muchas de estas instalaciones recogen termómetros. Pero la experiencia de usuario dice que el operario de la puerta no suele admitir el termómetro roto. En principio, el recipiente que recoge los termómetros enteros debería estar preparado para contener el mercurio de una hipotética rotura.

Y si el tratamiento es la recuperación del mercurio, en algún momento se tendrán que romper los termómetros. ¿Tiene sentido que no recojan el mercurio de tu termómetro roto en el punto limpio? ¿Quién querría llevar a un punto limpio un termómetro entero que funciona correctamente?

El caso es que estamos de vuelta en casa con nuestro mercurio. ¿Qué hacemos ahora?

Reclamar por escrito al ayuntamiento para que tenga constancia del problema y tome las medidas pertinentes. Mientras dejemos el incidente en una discusión con el operario del punto limpio o una queja al servicio de atención telefónica, nadie va a dar los pasos necesarios para solucionarlo. Si quieres dejar de recibir largas y ver cómo se tiran la pelota de un lado a otro, lo mejor es pasar a la acción: acudir al procedimiento administrativo.

Si inicias una petición en el registro de tu ayuntamiento como mínimo te tienen que dar una respuesta por escrito. Y su obligación legal es recoger los residuos domésticos generados en los hogares, ¿no es el caso de tu termómetro roto? No van a ir a tu casa a por el mercurio, pero quizá aclaren al operario del punto limpio cómo tiene que recoger los termómetros rotos.

¿Dónde tiro unos zapatos?

Tengo varias respuestas a esta pregunta. Es un tema que admite varios tipos de análisis: el técnico, el jurídico, el monetario... así que replanteo la pregunta: **¿dónde van a ir tus zapatos usados?** Salvo que, en un caso hipotético, se destinasen a la reutilización (tal vez si los depositas en la parroquia del barrio o en un contenedor destinado a ropa usada puede que pasen por un taller de manualidades y acaben teniendo una nueva vida en los pies de otra persona, aquí o en cualquier parte del planeta), lo más probable es que los zapatos salgan de cualquier flujo de tratamiento de residuos. **Los residuos considerados como "impropios" son descartados en los procesos destinados a la valorización de residuos.** ¿Cómo va esto?

Si tiras los zapatos al contenedor "amarillo", antes o después serán descartados por no ser un envase. Dependiendo la talla de pie que calces, esto ocurrirá al principio o al final de proceso. Unos zapatos grandes serán descartados al principio del proceso, seguramente por una persona que trabaje en una cinta transportadora retirando todo aquello que, de forma evidente, no es un envase.

Si son pequeños pueden escapar este primer control, pero atendiendo a las propiedades físico - químicas del calzado, seguramente no pasarán a ocupar ningún sitio entre los metales, plásticos ligeros ni otro material retirado por imanes, corrientes de aire ni otros procedimientos mecanizados. En cualquiera de los dos casos, casi de forma inevitable, **junto con otra cantidad cercana al 60% de lo que entró en la planta de tratamiento saldrá, en la fracción considerada como "rechazo", camino de algún vertedero o incineradora.**

Si los depositas en el contenedor "resto" ocurrirá algo similar. Tal vez porque no pase el agujero de alguna criba, destinada a separar materia orgánica pastosa (susceptible de ser compostada), del resto de materiales que la acompañan. O tal vez porque, después de algunos meses dando vueltas en montones de materia en proceso de fermentación, acabe por ser retirado (formando parte del rechazo) camino del vertedero.

¿Dónde te gustaría que acabasen tus zapatos? Esa es una buena pregunta. Las posibilidades de valorizarlo seguramente pasen por descomponerlos en los materiales que los forman y destinar cada uno de ellos a un uso concreto: goma para pistas deportivas o asfalto, textil para sacar fibras que puedan incluirse en nuevos procesos industriales, cuero... Aunque el poder calorífico del conjunto también podría ser, con las pertinentes medidas destinadas a evitar la contaminación atmosférica, incinerado con recuperación de energía.

¿Dónde tiramos los juguetes viejos?

Dilema cada vez que se acaban las vacaciones navideñas. La visita de Papá Noel, los Reyes Magos, el Olentzero, el caga Tió, el Hada Cachonda de la Noche Vieja, o quien toque en cada caso, reduce el espacio disponible en más de una casa. Y con la vuelta al cole pisándonos los talones, toca ordenar y deshacerse de algunos juguetes viejos. ¿Dónde los tiramos?

La respuesta no es del todo sencilla y depende de varios factores. **La peor opción es tirarlos al contenedor genérico de restos**: de allí acabarán en un vertedero o incineradora, sin posibilidad de extraer el valor que contienen. **Lo mejor es darles una segunda oportunidad** de modo que alguien pueda reutilizarlos o, si eso no es posible, reciclarlos.

Como ya razonamos para el caso de los zapatos viejos, **más qué preguntarnos dónde tirarlos deberíamos plantearnos qué queremos que pase con ellos.**

Lo mejor es la reutilización: no podemos perder de vista que ese juguete ha pasado a ser "viejo" por motivos tan triviales como por estar destinado a una edad diferente a la que ahora tienen nuestros hijos, por haber pasado de moda, por haber perdido una pieza o, simplemente, porque ya no nos caben más juguetes en casa.

Cuando el juguete sigue siendo funcional, lo mejor es destinarlo a otros niños. Con un poco de tiempo y ganas podríamos sacarles algo de dinero. Anunciándolos a un precio simbólico en un portal de anuncios en Internet rápidamente encontraremos alguien que se los lleve. En esta línea también podríamos destinarlos a algún sistema de trueque, a la economía social o, directamente, donar los juguetes.

Donde siempre serán bien recibidos, y cada vez más, es en **instituciones públicas que trabajen con niños.** Con los recortes colegios públicos, hospitales y centros de salud con atención pediátrica no tienen partidas para adquirir recursos didácticos o de entretenimiento tan valiosos como pueden ser esos juguetes que estamos a punto de tirar.

Las profesoras de infantil y las enfermeras de urgencias sabrán darle un segundo uso. Esos juguetes que tus hijos no quieren vendrán muy bien a los niños de los papás que acuden con prisas al hospital sin pensar que pueden estar allí mucho tiempo, primero en espera y después en observación.

Descartada la posibilidad de reutilización (porque nos apremia deshacernos de ellos o porque estén tan destrozados que no creamos que puedan servir para otros niños), repasamos las **opciones disponibles para deshacernos de ellos de la manera más sostenible posible.**

<u>Según su peligrosidad</u>

Lo primero que podríamos considerar es la peligrosidad del juguete. **Si se trata de un aparato eléctrico o electrónico puede contener elementos peligrosos, incluidas las pilas.**

Seguramente el juguete está diseñado para que con su uso normal no se liberen esos elementos peligrosos y no sean un riesgo para los niños, pero algunos juguetes (y casi todos los gadgets de las mamás y los papás) pueden estar dentro del ámbito de aplicación del Real *Decreto 110/2015, de 20 de febrero, sobre residuos de aparatos eléctricos y electrónicos*[111]. Estos **van al punto limpio**, salvo que lo recojan en el comercio o que los sustituyamos por uno similar, en cuyo caso el comerciante debe aceptar el antiguo.

Así pues, con un poco de suerte, una vez depositamos en el punto limpio irán con el resto de aparatos eléctricos y electrónicos a una instalación donde los triturarán para intentar recuperar distintos tipos de materiales, tales como plásticos y metales. No es la solución más deseable, pero siempre es preferible a que acaben directamente en un vertedero, y, en principio, evitaría la contaminación que podrían causar los componentes peligrosos.

<u>Por tipo de material</u>

La diversidad de materiales que podemos encontrar en la mayoría de los juguetes genera el gran reto de la gestión de residuos generados por los juguetes. A favor está la normativa europea, que establece la recogida separada de residuos en función de sus características. En contra el modelo de recogida selectiva de envases. En el contenedor amarillo no deberíamos tirar juguetes, pero ¿qué hacemos con ellos entonces?

Empecemos por lo fácil. Supongamos que el juguete es un **peluche** u otro cuyos componentes principales son, fundamentalmente, **tejidos** (marionetas, el vestuario de la muñeca de turno...). Puestos a depositarlos en un **contenedor**, los echaría en el de **recogida de ropa**.

En cualquier otro no van a ser recuperados, pero aquí tendrían una oportunidad. O bien resulta que la entidad que explota el contenedor puede darle salida en su modelo de negocio (vendiéndolo de segunda mano o donándolo a personas necesitadas junto con el resto de la ropa) o bien porque se destine a **desfibrado y elaboración de nuevos productos**, tales como trapos para la industria.

Los **juguetes de madera y cartón** tienen difícil solución. Las pinturas y barnices condicionan sus posibilidades de reciclaje. Quizá lo mejor sería, en la media de lo posible, reutilizarlos en manualidades. Si son de cartón y no los vamos a reutilizar o reciclar, la opción es el contenedor azul. Si son de madera y no tenemos otra alternativa, al contenedor de restos.

La mayoría de los **juguetes** son, fundamentalmente, **de plástico**. A falta de un mecanismo que permita satisfacer la obligación de recogida separada establecida en la Directiva europea de residuos, lo más parecido es el contenedor amarillo.

Personalmente, te recomendaría que tirases cualquier plástico al contenedor amarillo, si bien antes hay que desmontar dos argumentos en contra de esta propuesta:

- Los plásticos de los juguetes no se pueden reciclar.

Cada vez es más frecuente encontrar en los juguetes de plástico un símbolo que identifica el tipo de plástico con el que están hechos. Si nos fijamos podemos comprobar que se trata de un gran trozo de polietileno. El mismo material con el que están fabricados una parte importante de los envases que tiramos... al contenedor amarillo.

Hasta donde yo sé, **al proceso de reciclaje lo que le importa es que el material recuperado sea de calidad adecuada para su proceso industrial.** Si hablamos de polietileno que sea polietileno, venga de un juguete o venga de un envase de detergente.

En ocasiones la materia prima pueden ser plásticos mezclados. **Hay una gran cantidad de productos fabricados a partir de mezclas de plásticos,** tales como componentes de automoción (determinados parachoques). En último caso, existiría la posibilidad, costosa pero preferible a la incineración, de separar los plásticos para su reciclaje por procesos químicos.

Así pues, en contra de la idea difundida por la industria del envase de usar y tirar, el resto de **los plásticos, incluidos los de los juguetes, sí se pueden reciclar.**

Los plásticos de los juguetes son impropios que crean dificultades en las plantas de tratamiento de residuos.

El objetivo de las plantas de tratamiento de residuos, construidas en base al interés general y, en la inmensa mayoría de los casos, con dinero público, es, precisamente, recuperar residuos para su reciclaje. En una planta de clasificación mecánica, **la principal amenaza es meter cosas que puedan deteriorar o bloquear los elementos de la instalación.** Una buena trituración previa nos separa los distintos componentes del residuo de entrada (en este ejemplo los metales que formen parte del juguete) y evita que, por tamaño, bloqueen el paso en alguna máquina.

A partir de aquí, un separador magnético no va a diferenciar si el metal férrico es de una lata, un paraguas o un juguete. Lo mismo si estamos ante un separador óptico para clasificar plásticos: le da igual que el polietileno que pasa por delante sea de un juguete o de una botella.

Que un residuo cause o no problemas en la planta de clasificación depende del criterio de gestión y

operación de la planta, no de que el residuo de entrada sea un juguete o un envase.

Como ejemplo paradigmático tenemos el caso de las perchas, que se consideran envase[112], a pesar de que las campañas institucionales nos han enseñado durante años que no pueden ir al contenedor amarillo.

En resumen y por orden de prioridad:

- Si tenemos juguetes viejos, **lo mejor es hacer que sirvan para otros niños**: dárselos al primo o al vecino, llevarlos a un colegio o guardería pública en el barrio, al hospital o quizá alguna asociación o parroquia.

- Si es **un juguete a pilas o con electricidad lo deseable sería llevarlo al punto limpio.**

- Si es **un juguete textil no estaría mal tirarlo al contenedor de ropa.**

- En cualquier caso, **tirándolos al contenedor amarillo podríamos abrir la posibilidad de que algún componente plástico o metálico se recuperase** en la planta de clasificación de residuos y se reciclase.

- Si es inevitable, al contenedor de restos, donde irá de cabeza a vertedero o incineración, las opciones menos deseables.

Y tú, ¿qué haces con los juguetes viejos? los míos, si nadie ha hecho limpieza en el trastero de casa de mis padres y gracias a un síndrome de Diógenes temprano, están en una caja esperando a ser útiles para la generación siguiente. Me voy a rescatar el barco pirata...

Defina envase

Según la *Ley 11/1997, de 24 de abril, de Envases y Residuos de Envases*[113], envase es:

"Todo producto fabricado con materiales de cualquier naturaleza y que se utilice para contener, proteger, manipular, distribuir y presentar mercancías, desde materias primas hasta artículos acabados, en cualquier fase de la cadena de fabricación, distribución y consumo. Se consideran también envases todos los artículos desechables utilizados con este mismo fin. Dentro de este concepto se incluyen únicamente los envases de venta o primarios, los envases colectivos o secundarios y los envases de transporte o terciarios"

Aquello que entre en esta definición debe cumplir lo dispuesto en la citada Ley 11/1997 y el Reglamento que la desarrolla, aprobado por Real Decreto 782/1998[114]. Es decir, que los agentes implicados en la fabricación y puesta en el mercado de envases o gestión de sus residuos, con algunas condiciones, deben cumplir, entre otras, obligaciones relacionadas con:

- La elaboración de planes empresariales de prevención de residuos de envases.
- El fomento de la reutilización y del reciclado de envases.
- La reducción, reciclado y valorización de materiales de envasado.

- Participación de los agentes económicos en los sistemas integrados de gestión de residuos de envases y envases usados o sistemas de depósito, devolución y retorno.

Por ello resulta estratégico definir claramente qué se considera envase y qué no. A ser posible, poniendo ejemplos que no dejen lugar a dudas. La primera aproximación se hizo, en negativo, en el anexo 1 del *Real Decreto 782/1998, de 30 de abril, por el que se aprueba el Reglamento para el desarrollo y ejecución de la Ley 11/1997, de 24 de abril, de Envases y Residuos de Envases*, en el que se recogían una serie de "*productos que no tienen la consideración de envases*", entre los que figuraban:

- Bolsas empleadas para la entrega y recogida de los residuos urbanos de origen doméstico, excluyendo las bolsas de un solo uso entregadas en los comercios aunque posteriormente se utilicen para este fin.

- Cestas de la compra.

- Envoltorios que se incorporan al producto en el momento de su venta al por menor al consumidor final.

- Sobres.

- Carteras, portafolios y otros utensilios similares empleados para portar documentos.

- Maletas.

- Encendedores.

- Bolsas para infusiones unidas inseparablemente al producto que contienen.

- Recambios para estilográficas o bolígrafos.

* Monederos y billeteros.

* Jeringuillas, bolsas de plasma y productos que, debido a su finalidad, puedan considerarse en sí mismos como productos sanitarios.

* Frascos o bolsas para tomas de muestras de sangre, heces u orina y otros recipientes similares utilizados con fines analíticos.

* Prospectos o instrucciones que acompañen a los medicamentos en sus envases.

* Casetes de cintas magnetofónicas, de vídeo o de uso informático.

* Cajas de lentes de contacto y de gafas.

Esta relación, que excluía determinados productos de cumplir con los requisitos de la legislación de envases y residuos de envases, se ha ido actualizando con el tiempo, tanto para aclarar dudas que surgen en la aplicación de la normativa, como para adaptarla a nuevos residuos que van surgiendo con los cambios y la evolución de los hábitos de consumo.

Así, la *Orden MAM/3624/2006, de 17 de noviembre, modifica el Anejo 1 del Reglamento para el desarrollo y ejecución de la Ley 11/1997, de 24 de abril, de envases y residuos de envases, aprobado por el Real Decreto 782/1998*[115], incluyó ejemplos ilustrativos de la interpretación de la definición de envase con dos listas, una en positivo y otra en negativo:

* Se consideran envases:

  o Cajas de dulces.

  o Película o lámina de envoltura de cajas de CD.

- Las bolsas de bocadillos destinadas a llenarse en el punto de venta se consideran envases
- Si han sido diseñados y destinados a ser llenados en el punto de venta:
  - Bolsas de papel o plástico.
  - Platos y vasos desechables.
  - Películas o láminas para envolver.
  - Bolsitas para bocadillos.
  - Papel de aluminio.
  - Etiquetas colgadas directamente del producto o atadas a él.

- Se consideran parte de envases:
  - Cepillos de rímel que forman parte del cierre del envase.
  - Etiquetas adhesivas sujetas a otro artículo de envasado.
  - Grapas.
  - Fundas de plástico.
  - Dispositivos de dosificación que forman parte del cierre de los envases de detergentes.

- No se consideran envases:
  - Las macetas previstas para que las plantas permanezcan en ellas durante su vida.
  - Cajas de herramientas.
  - Bolsas de té.
  - Capas de cera que envuelven el queso.
  - Pieles de salchichas o embutidos.
  - Removedores.
  - Cubiertos desechables.

Estas listas se han actualizado mediante la Orden *AAA/1783/2013, de 1 de octubre, por la que se modifica el anejo 1 del Reglamento para el desarrollo y ejecución de la Ley 11/1997, de 24 de abril, de Envases y Residuos de Envases, aprobado por Real Decreto 782/1998, de 30 de abril*[116], que añade los siguientes ejemplos en cada una de ellas:

* Se consideran envases:

  o Bolsas de envío de catálogos y revistas (que contienen una revista).

  o Moldes de repostería vendidos con piezas de repostería.

  o Rollos, tubos y cilindros alrededor de los cuales se enrolla un material flexible, utilizados para presentar un producto como unidad de venta.

  o Macetas destinadas a utilizarse únicamente para la venta y el transporte de plantas y no para que la planta permanezca en ellas durante su vida.

  o Botellas de vidrio para soluciones inyectables.

  o Ejes porta CD vendidos con los CD, pero no destinados al almacenamiento.

  o Perchas para prendas de vestir (vendidas con el artículo).

  o Cajas de cerillas.

  o Sistemas de barrera estéril (bolsas, bandejas y materiales necesarios para preservar la esterilidad del producto).

- Cápsulas para máquinas de bebidas (por ejemplo, café, cacao, leche), que quedan vacías después de su uso.
- Botellas de acero recargables utilizadas para diversos tipos de gases, con excepción de los extintores de incendios.
- Fundas de plástico para ropa limpia de lavandería diseñadas y destinadas a ser llenadas en el punto de venta.

- Se consideran parte de envase los molinos mecánicos integrados en un recipiente no recargable.
- No se consideran envases:
  - Perchas para prendas de vestir (vendidas por separado).
  - Cápsulas de café, bolsas de papel de aluminio para café y monodosis de café en papel filtro para máquinas de bebidas, que se eliminan con el café usado.
  - Cartuchos para impresoras.
  - Cajas de CD, DVD y vídeo.
  - Ejes porta CD (vendidos vacíos, destinados al almacenamiento).
  - Bolsas solubles para detergentes.
  - Soportes de velas.
  - Molinos mecánicos integrados en un recipiente recargable.
  - Papel de embalaje (vendido por separado).
  - Moldes de papel para horno (vendidos vacíos).
  - Moldes de repostería vendidos vacíos.
  - Etiquetas de identificación por radiofrecuencia (RFID).

Esta modificación incorpora al ordenamiento jurídico nacional la *Directiva 2013/2/UE de la Comisión, de 7 de febrero de 2013, que modifica el anexo I de la Directiva 94/62/CE del Parlamento Europeo y del Consejo, relativa a los envases y residuos de envases.*

De este modo se aclaran algunas dudas, especialmente de cara al agente económico implicado: con estos ejemplos el industrial puede decidir mejor si le aplica o no la normativa de envases y residuos de envases, así como qué obligaciones debe tener en cuenta en su negocio.

El que podría quedar un poco confuso es el consumidor. ¿Debe deshacerse de distinta manera de sus residuos según el origen de los mismos? ¿Puede tirar una percha en el contenedor amarillo? ¿Sólo si le vino con la ropa cuando la compró? ¿Y dónde tira el papel de las magdalenas?

Quizá ahora, para que todos los agentes cumplan efectivamente las obligaciones derivadas de las nuevas definiciones faltaría ajustar la realidad de la gestión de residuos a la *Directiva 2008/98/CE del Parlamento Europeo y del Consejo, de 19 de noviembre de 2008, sobre los residuos,* y hacer efectiva la separación por tipos de materiales que permitiría mejorar las cifras de reciclaje.

Y ahora, ¿dónde tiro una percha rota?

La legislación ambiental evoluciona constantemente. Uno de los motores que fuerzan esa actualización son los cambios en el modelo de consumo: **nuevos productos implican nuevos riesgos y nuevas responsabilidades para los agentes económicos que se lucran con la puesta en el mercado de esos bienes** que, desde su fabricación hasta su desecho, generan distintos impactos ambientales.

Así, en el ámbito de residuos urbanos resulta estratégica, por ejemplo, la definición de envase. Condiciona, entre otras, las inversiones en instalaciones de clasificación, su funcionamiento y gestión.

Qué puedo o no depositar en cada contenedor depende de la forma en la que los fabricantes de envases decidan atender los requisitos legales que la autoridad competente entienda que tienen que cumplir. Y a eso ayudan bastante las sucesivas actualizaciones de los ejemplos ilustrativos de la definición de envases que podemos encontrar en la normativa.

En la última modificación encontramos algunos objetos que históricamente nos habían dicho que no podíamos tirar al contenedor amarillo se consideran envases. Por ejemplo, **las perchas que llegan a nuestra casa con la ropa se consideran envase.**

¿Puedo tirarlas al contenedor amarillo? Pues... dependerá de si el fabricante está acogido al sistema integrado de gestión de residuos de envases pero, en principio, sí. La norma dice que si son perchas compradas independientemente no se consideran envases, por lo que, entonces, ¿podría tirarlas al contenedor amarillo? Pues seguramente también, y debería hacerlo.

Hasta ahora nos habían justificado que determinados residuos, como las perchas, no podían ir al contenedor amarillo porque causaban problemas en las instalaciones de tratamiento de residuos, que no estaban adaptadas este tipo de objetos porque no les aplicaba la normativa de envases. Pero, salvo que se inventen otro sistema con el que los productores de perchas puedan dar cumplimiento a la Ley de envases, los ciudadanos responsables deberían tirarlas al contenedor amarillo.

Y, ya puestos, **¿por qué vamos a tirar al contenedor amarillo unas perchas sí y otras no?** Sólo están sujetas a la definición de envase las que llegan a nuestra casa con la ropa, ¿dónde tiramos las otras?

Parece coherente que si una instalación industrial preparada para procesar residuos de envases debe admitir perchas pueda admitirlas con independencia de su origen. **¿A caso programan las máquinas para que diferencien qué perchas en función de si vienen de una tienda de ropa o de otra de accesorios domésticos?** Es más, si esa instalación se ha construido por el interés general y con dinero público estaría bien que hubiese sido diseñada para servir a la necesidad de gestionar adecuadamente todos los residuos, no sólo los procedentes de la industria del envase.

Mis perchas (cuando se rompan) irán al amarillo: total, va a pasar con ellas algo parecido a lo que ocurre con los zapatos viejos, por lo menos las doy una oportunidad de ser recicladas antes de que lleguen al vertedero de turno.

Aceite usado: por la pila no, a la basura tampoco

Hace algún tiempo me llegó un mensaje reenviado sobre qué hacer con el aceite de cocina usado: *COMO TIRAR EL ACEITE SIN CONTAMINAR* La intención es buena, pretende concienciar al personal sobre lo contaminante que resulta ese residuo doméstico resultante de freír, pero incluye algunos errores si lo que se pretende es conseguir una gestión sostenible del aceite residual.

A pesar de que los médicos no recomiendan su reutilización, un buen aceite de oliva tarda un par de usos en adquirir esas propiedades que hacen indeseable cualquier producto alimenticio requemado. En mi casa se cuela un par de veces, con cuidado de no mezclar el del pescado con el de la carne. ¿Y después? ¿Qué hacemos con el aceite de cocinar?

Una vez que ya hemos decidido deshacernos del aceite, hay que tener en cuenta que lo peor es tirarlo por el desagüe, como dice el mensaje: *"Tirarlo en la pileta de la cocina o en algún otro sumidero es uno de los mayores errores que podemos cometer"*. Continúa con una amenaza: *"Un litro de aceite contamina cerca de un millón de litros de agua, cantidad suficiente para el consumo de agua de una persona durante 14 años."*

Descartada la opción de tirarlo por la taza del váter, se nos propone recogerlo en una *"botella de plástico de refresco, cerrarla y depositarlo a la basura normal"*. Esta opción tampoco es óptima. A parte de eliminar la posibilidad de reciclado, no evitamos el riesgo de contaminación.

En un primer momento evita que el aceite pase al medio acuático y dificulte la vida de los seres que lo habitan, pero, tarde o temprano nuestro aceite usado terminará por acabar en el suelo, contaminándolo y afectando a los seres que viven en o sobre él.

Una botella con aceite en la basura tiene un largo recorrido hasta algún vertedero. Antes o después el aceite se derramará, contaminando el suelo o siendo arrastrado hasta algún cauce por las aguas de lluvia. Si consigue llegar al vertedero, el aceite tiene todo el tiempo del mundo para acabar filtrándose entre los residuos.

¿Entonces? ¿Dónde tiro el aceite de cocina usado? La normativa exige que los municipios establezcan unos puntos de recogida selectiva para que los ciudadanos puedan depositar residuos "especiales". En principio, cualquier residuo susceptible de causar problemas en la "recogida normal" podría depositarse en una de estas instalaciones. En mi ciudad se llaman punto limpio, los hay por toda la Comunidad de Madrid. En otros sitios tienen nombres tan peculiares como garbigune o deixalleries.

Lo ideal sería que, como mi abuela, hiciésemos jabón con el aceite usado. Los que tenemos una ocupación que nos condiciona la disponibilidad de tiempo y espacio para este tipo de actividades **podemos llevar el aceite de cocina usado al punto**

limpio. Y confiar que desde allí alguna empresa, autorizada para ello, lo recogerá y lo reciclará.

Pues eso, os recomiendo consultar con vuestro Ayuntamiento la ubicación del punto limpio más cercano o el sistema de recogida para este tipo de residuos que tiene establecido y, si os llega el e-mail, contestar a quién os lo envíe con la forma más adecuada de tirarlo: en el punto limpio.

Reutilizar componentes informáticos para ser libres

Una sugerente entrada en el blog de Julen[117] me ha llevado a la inquietante lectura de "*La sociedad de control*" de José F. Alcántara[118].

El autor habla, entre otras muchas cuestiones, del problema que pueden suponer para las libertades individuales, especialmente para la privacidad, los distintos sistemas de control que, poco a poco, van incorporándose en nuestra vida cotidiana.

Me ha llamado la atención el asunto de la restricción digital de derechos a nivel de **hardware destinado a impedir la ejecución de software o reproducción de contenidos** que no tengan el visto bueno del fabricante:

"*Aunque no es probable que se vaya a adoptar una medida tan impopular a corto plazo, no hay que olvidar que el sistema ha sido diseñado para que exista dicha opción y su sola existencia debería suscitar nuestro rechazo. Si necesitas un motivo importante para no comprar estos dispositivos, éste debería ser suficiente.*"

En este punto, el autor habla del movimiento de **"hardware libre"** que enfrentaría al oligopolio de los fabricantes de componentes electrónicos (con incentivos para incorporar estos dispositivos de control), paralelo al de "software libre" contrapuesto a los oligopolios en los programas informáticos, estableciendo los pertinentes peros:

"El desarrollo de software requiere bastante conocimiento de programación, pero los requisitos económicos para comenzar a programar son muy pequeños: una computadora no supone ahora mismo una barrera excluyente si lo que queremos es desarrollar software. El desarrollo de hardware, sin embargo, requiere alta tecnología, cuyo precio es muy elevado.".

En este punto cabe hacer una pequeña reflexión sobre nuestro modelo de consumo de tecnología.

¿Qué recursos necesitamos para acceder y crear contenidos digitales? ¿Hasta qué punto las actualizaciones de nuestros equipos electrónicos se deben a obsolescencias planificadas? ¿Podríamos seguir leyendo y escribiendo blogs y wikis en el último ordenador del que nos desprendimos con un simple cambio de sistema operativo? ¿Qué requisitos son necesarios para disponer de un entorno ofimático completo?

Volviendo al título de la entrada, me pregunto: **¿cómo estamos reciclando nuestros componentes electrónicos**? ¿Sería interesante cambiar el modelo?

Es evidente que a la industria le interesa que nos desprendamos de nuestros viejos ordenadores, los servicios de recogida los lleven a sitios donde **los**

trituran (¿creando escasez de piezas de recambio?) y que de la mezcla resultante se saquen materias primas para alimentar de nuevo la fabricación de equipos.

¿Es esto ecológico en términos globales? ¿Es la forma de gestión de este tipo de residuos que maximiza el beneficio social?

En el del sector de la automoción se ha impuesto un mecanismo basado en la descontaminación (mediante la retirada de los fluidos -combustible, líquido de frenos-) y posterior **desensamblado y clasificación de componentes**. Los tradicionales desguaces donde se apilaban coches viejos han pasado a ser, donde la normativa se aplica correctamente, limpios y ordenados almacenes de piezas de recambio. De chatarra a los vehículos al final de su vida útil[119].

¿Podemos hacer lo mismo con los electrodomésticos? ¿Podríamos hacer rentable un mercado de componentes de segunda mano? ¿Necesitamos un garaje para poner el proyecto en marcha?

¿Me cambia la fuente de alimentación? Sí, sé que, monetariamente, es más barato comprar un portátil nuevo que llevar el viejo a que le cambien la pantalla.

Tal vez si pudiésemos encontrar pantallas de repuesto y cambiarlas nosotros mismos, ¿no lo intentaríamos? ¿Y si con eso evitásemos (o al menos aplazásemos) la imposición por parte del fabricante de sistemas de control tales como sistemas de restricción digital de derechos a nivel de hardware o la incorporación de chips RFID en nuestras neveras?

Tal vez el camino del hardware libre esté en asegurar la vida útil de los equipos existentes y establecer protocolos de reutilización de los antiguos. O tal vez no.

El amarillo para metales y plásticos

Coincido plenamente con una afirmación que leí hace poco, en algún lugar de cuyo enlace no quiero acordarme, que venía a decir algo así como que **en el reciclaje de residuos todo es y debería ser más sencillo.**

Y es que, tal y como nos está obligando la Unión Europea, la mejor manera para seguir avanzando en un mejor reciclaje de nuestros residuos es recogerlos separadamente por tipo de materiales: dejar atrás un modelo primitivo de recogida selectiva de residuos de envases, que se ha demostrado costoso y poco eficaz[120], para pasar a una recogida orientada al reciclaje de todos los residuos.

Los procesos industriales que permiten obtener plástico, metal o vidrio de calidad, atractivos como materias primas para la fabricación de nuevos objetos y productos de consumo, no entienden de envases o no envases.

Pero parece que a los ciudadanos sí nos cuesta entender los criterios sobre qué debemos depositar o no en el contenedor amarillo.

Así pues, volvamos a lo natural: separar por tipos de materiales. Una separación primaria, fácilmente comprensible, es la que distingue los residuos orgánicos, restos que provienen de seres vivos, de lo que no son residuos orgánicos.

Considerando que los bioresiduos pueden ser del orden del 40% en peso de las basuras que generamos en nuestros hogares es un buen paso para empezar.

Del otro 60% hay dos fracciones que gestionamos relativamente bien. Una es la de papel y cartón, la otra es el vidrio. En ambos casos opera la recogida separada por tipo de material. La mayoría de los residuos de papel y cartón se identifican fácilmente.

Y lo mismo nos pasa con el vidrio, por más que en ocasiones nos costará separarlo del cristal o nos empeñemos en introducir en los contenedores de estas fracciones algún que otro residuo impropio que no debería estar allí.

El problema viene cuando hablamos del contenedor amarillo. Colocado en nuestras calles "por el interés general" ocupa un espacio precioso por el que no paga. Pero si analizamos la legislación, **ese contenedor amarillo responde al interés concreto de la industria relacionada con el producto envasado,** obligada a hacerse cargo (en aplicación del principio de responsabilidad ampliada del productor) de la gestión de los residuos que generan los envases de los productos puestos en el mercado.

Así, cada consumidor paga (en el precio del producto que compra), la gestión del envase cuando se convierte en un residuo. Pero el sistema integrado de gestión sólo se hace cargo de los envases que caen en el contenedor amarillo.

El caso es que cada vez es más frecuente ver contenedores y papeleras desbordados. Los residuos (correctamente depositados o no) quedan a expensas del viento, de la gente que no tiene otra forma mejor de subsistir que rebuscando en la basura, de las ratas...

Después de haber pagado al comprar los productos envasados, después de haberlos separado en mi casa, después de depositarlos en el contenedor amarillo... los envases acaban en el suelo, ensuciando las aceras, parques y jardines... y no se reciclan.

Por otro lado, las plantas de clasificación de envases, pagadas con dinero público, no son capaces de atender la creciente demanda de gestión de residuos, que se pasan por ellas para justificar que se ha hecho algo antes de enviar a incinerar o a vertedero un montón de materiales valiosos que no han sido adecuadamente procesados.

A pesar de ello el sistema integrado de gestión de envases y el ayuntamiento gastan un montón de dinero, del que yo he pagado en mi compra y de mis impuestos, en decirme que no sé reciclar. Que reciclar sólo son dos segundos. Pero lo cierto es que **no hay medios adecuados para separar mi basura correctamente.** Y que los vecinos, cuando bajamos la bolsa de envases podemos dejarla en un contenedor amarillo desbordado o en el contenedor gris de tapa naranja rotulado como "restos".

No nos queda otra que decir alto y claro lo que nos reclaman desde Europa: tenemos que mejorar la gestión de residuos municipales. ¿Qué tal si en vez de envases y restos separamos por tipos de materiales?

Papel para reciclar, datos personales y colegios

El papel de los colegios es importante: los centros educativos inciden decisivamente sobre la formación y concienciación de sus alumnos en cualquier aspecto de la vida, en particular sobre cuestiones ambientales. Y, por su actividad, generan grandes cantidades de papel y cartón. La combinación estos dos factores puede ser clave para conseguir alumnos responsables con su impacto en el entorno, o resultar en un nefasto indicador de falta de control y mala gestión.

El reciclaje de papel en los colegios permite ilustrar que el problema de los residuos no es exclusivamente ambiental, abordando tres cuestiones importantes:

- el reciclaje del papel,
- el cuidado de los datos personales,
- la economía sumergida.

La falta de conciencia sobre el valor de lo que tiramos alegremente nos puede poner en más de un aprieto. Todo tipo de información confidencial (listados, fotografías, direcciones, teléfonos, datos médicos…) acaba en cajas de cartón para reciclaje.

Por mucho que parezca una cuestión reservada a las personas con una alta conciencia ambiental y se nos muestre como algo accesorio, **los residuos que genera una actividad son uno de los indicadores más claros de su estado de salud.** Y es que la gestión ambiental es algo más que gestos bonitos para hacerse propaganda: tenemos que enfocarla a cuestiones más prácticas e inmediatas que una falsa pretensión de salvar el planeta.

¿Qué podrían hacer los colegios con sus datos en papel?

Está muy bien que los centros escolares se preocupen del reciclaje. Debería ser algo que estuviese en los programas educativos, pero también en la práctica cotidiana de nuestras escuelas. Un paso importante es poner esas cajas de cartón a disposición de todos, contenedores en el patio, o lo que buenamente pueda cada uno para recoger el papel y cartón de manera separada del resto de los residuos: ayuda a ahorrar energía, reducir el consumo de materias primas…

Pero no basta el gesto, hay que preguntarse cosas ¿de dónde viene ese papel? ¿Por qué lo recogemos? ¿Dónde terminará? ¿Hasta dónde llega la responsabilidad? El director no puede estar revisando qué tira cada alumno, cada profesor, cada administrativo o cada progenitor en todas y cada una de las papeleras del centro. Pero sí tiene que conseguir que cada uno sea consciente de que el papel que va a tirar ha sido, y sigue siendo, soporte de información. Y que hay determinada información, mucha en el caso de un centro de formación, que está acogida a legislación sobre protección de datos de carácter personal.

Quizá hemos hecho un importante esfuerzo administrativo en la parte digital, registrando bases de datos y creando sistemas de permisos para acceder a la información contenida en las aplicaciones informáticas, pero ¿hemos concienciado a cada usuario sobre sus responsabilidades?

En la mayoría de las organizaciones se dan por supuestas muchas cosas que deberían estar recogidas en un manual de puesto de trabajo y ser explicadas en un proceso de acogida de nuevos trabajadores. En un centro escolar en el que se suelta al profesor con los alumnos a su suerte, especialmente si es un funcionario al que después de superar una oposición se le suponen muchas cosas, la situación se agrava: ¿hay alguna asignatura obligatoria en magisterio o en el temario de la oposición relacionado con protección de datos de carácter personal?

Después de volver locos a los padres o tutores legales firmando consentimientos sobre el posible uso de los datos recopilados a lo largo de la vida académica de sus hijos, qué menos que disponer de una destructora de documentos e informar sistemáticamente que todos los papeles que se utilicen en el centro tienen que pasar por ella antes de salir a la calle.

Supongo que algunos papeles, como exámenes y similar, deberán pasar un tiempo almacenados a la espera de que acaben plazos de reclamaciones y demás. Pero después, antes de ir a la caja de cartón, al contenedor del patio, al camión de recogida municipal o a la furgoneta de alguien que no cumple con los requisitos mínimos para la adecuada gestión del residuo, todo debería pasar por las cuchillas que convierten expedientes académicos en finas tiras del mismo tamaño. Listas para empaparlas en engrudo y hacer manualidades si es preciso. ¿Garantizan las destructoras de papel la confidencialidad? Pues igual no, pero quien quisiera juntar la foto, dirección, teléfono, resultados académicos y calendario de vacunas de los alumnos se lo tendría que currar un poco.

Algo similar habría que prever para los soportes digitales. Sin perder de vista que los servicios de almacenamiento en "la nube" están para que quien quiera pueda servirse gratis.

La gestión de residuos en actividades que implican el uso de datos de carácter personal tiene una complejidad añadida, por eso es necesario que todas las partes implicadas sean conscientes de los riesgos y participen activamente en la correcta gestión de datos, soportes y sus residuos. Con menores de por medio la cosa es todavía más delicada.

Así pues, asumamos lo que nos traemos entre manos, completemos los formalismos administrativos con procedimientos prácticos y aplicables que ayuden a cumplir las obligaciones derivadas del uso de datos de carácter personal y, sobre todo, asegurémonos de que todo el papel del centro acaba donde tiene que hacerlo: en la trituradora. Es la mejor forma de que no se escape una lista, un examen o un cuaderno en el que alguien anotó sus impresiones, más o menos políticamente correctas, de cada reunión con padres y madres. Lo trituramos y después ¿qué?

Lo primero que habría que hacer es dimensionar el problema. ¿Cuánto papel se tira en el centro al cabo de un curso escolar? Si la tonelada de papel y cartón para reciclar va a 100 euros, podemos hacernos una idea del tesoro o la ruina que tenemos entre manos. ¿Supondría una fuente de ingresos para esos centros que no tienen para pagar la calefacción? ¿Nos puede servir para dotar a estudiantes sin recursos con el material mínimo? El reciclaje bien llevado debe ilustrar la parte social y económica de la sostenibilidad.

Quizá una opción, si el centro tiene espacio para guardar cantidades importantes, sea ponerse en contacto con un gestor que esté dispuesto a recoger el papel pagando por él o, al menos, sin coste -quizá cuando venga a por otros residuos (productos de laboratorio, fluorescentes, cartuchos de impresión,…) por los que tal vez ya se esté pagando una retirada periódica-.

Consultar al Ayuntamiento si puede depositarse el papel en los contenedores municipales es otra opción, posiblemente contemplada en las propias ordenanzas sobre gestión de residuos. Cabe decir que una vez depositado en el contenedor el papel es propiedad y responsabilidad de la autoridad municipal, si nos encargamos de que los datos que había en el soporte no sean recuperables,… fin de la historia.

En último caso tocaría pagar las recogidas por parte de un gestor que se encargue de dar una salida correcta al residuo. La legislación es clara al respecto: establece que quien produce los residuos tiene que asumir los costes de su gestión… y si no conseguimos presentar el papel de una forma en la que alguien esté dispuesto a pagar por él… nos toca contratar a alguien que se lo lleve. En 100 euros la tonelada no es fácil cubrir el coste del desplazamiento, pero tampoco imposible: quizá se puedan organizar rutas con otros centros y negocios cercanos que garanticen la cantidad que rentabilice el combustible.

Alternativamente tendríamos que prevenir la generación, con limitaciones claras al uso de papel como soporte y alternativas como ordenadores en las aulas o tabletas ecológicas para que el personal docente y de administración gestione la información del día a día.

Y, para aquel papel que no podamos evitar generar, plantear opciones de valorización en el propio centro.

Complementar las clases de tecnología con manualidades a partir de las tiras que salen de la destructora de papel: recuperar las fibras de celulosa para darles forma de castillos, células… u otros proyectos en los que aunar creatividad y contendidos, quizá atrayendo la atención de los alumnos y familiarizándoles con los recursos materiales y las opciones de recuperación de los residuos más allá de su depósito en el contenedor.

El drama social que vivimos en España nos llena las calles de personas empujando un carrito en el que van recogiendo todo aquello por lo que creen que sacarán unas monedas con las que mantenerse. **Las empresas que dejan sus residuos en manos de cartoneros informales tienen un grave problema de gestión (no sólo en lo ambiental).** Tanto el papel como los dispositivos electrónicos cuando dejan de sernos útiles se convierten en residuos. Y hay que gestionarlos de la manera más sostenible posible: con el menor coste ambiental, económico y social.

No vale entregarlo alegremente al primero que pase por nuestra puerta: la responsabilidad del productor sólo termina cuando entrega el residuo, en las condiciones establecidas en la normativa, a alguien que pueda garantizar que se siguen cumpliendo las obligaciones en el resto de la cadena de gestión del residuo.

La recogida informal, por barata que se nos antoje, ocasiona al conjunto de la sociedad los costes propios de cualquier forma de economía sumergida. ¿Qué pasa si el indigente que los vende al peso se le ocurriese tomarse la molestia de organizar su mercancía y comerciar los datos que tiramos alegremente a la basura? ¿Qué pasaría si a alguien le diese por hacer prácticas de informática forense con los equipos que abandonamos al lado del contenedor de residuos?

La inspección y vigilancia (protección de datos, laboral, fiscal, ambiental…) podrían hacer mucho por mejorar las condiciones de vida de esas personas que están en la calle sacando el papel de los contenedores, recogiendo metales de las papeleras… para malvivir. Personas que podrían estar integradas como trabajadores en un sector de actividad clave en nuestro modelo de consumo de usar y tirar. Pero cada parte implicada prefiere mirar a otro lado. ¿Qué tal si empezamos a explorar los espacios comunes?

Por otro lado, sólo haría falta que cada empresa se ocupase de presentar sus residuos de forma que pudiesen transformarse en un recurso valioso. De poner a disposición de empleados, clientes… los medios para que ese recurso no se pierda. Quizá todo empieza en el colegio: formando personas conscientes del valor de la información, la importancia de los soportes en los que guardamos nuestros datos y la sostenibilidad. No entendida como un capricho ecologista trasnochado, si no como la clave para conseguir un desarrollo económica, social y ambientalmente posibles a medio y largo plazo.

El papel de los colegios es importante. No solo por su valor de reciclaje o por los datos que contienen. **La actitud hacia problemas ambientales y sociales o la forma en la que se responde a cuestiones económicas puede resultar motivadora para el profesorado e inspiradora para los alumnos.** El futuro, el modelo de desarrollo que dejaremos a la siguiente generación, depende de que los coles enseñen a nuestras niñas y niños a dar soluciones sostenibles a los desafíos del día a día.

---

[82] http://www.wastedive.com/news/study-men-litter-more-recycle-less-to-safeguard-their-gender-identity/425506/

[83] https://stopbasura.com/2016/06/08/reciclar-es-la-solucion/

[84] http://www.compromisorse.com/rse/2014/03/27/espana-esta-entre-los-paises-de-la-ue-que-menos-reciclan/

[85] http://www.laopiniondemurcia.es/comunidad/2016/07/21/espanol-reciclo-9-kilogramos-plastico/754564.html

[86] http://jcr.oxfordjournals.org/content/early/2016/08/02/jcr.ucw044

[87] http://www.huffingtonpost.es/2014/09/26/cifras-despilfarro-alimentos_n_5809418.html

[88] http://www.magrama.gob.es/es/alimentacion/temas/estrategia-mas-alimento-menos-desperdicio/Definiciones_cifras.aspx

[89] http://www.iagua.es/noticias/espana/redaccion-iagua/16/06/14/empresas-agua-son-unicas-que-hacen-campana-que-producto-se

[90] https://www.productordesostenibilidad.es/2015/09/para-reciclar-mas-necesitamos-mas-envases-de-usar-y-tirar

[91] https://www.productordesostenibilidad.es/2015/04/la-hipoteca-de-los-residuos-de-envases/

[92] http://ferfollos.blogspot.com.es/2016/08/los-neumaticos-de-sesena-parte-i.html

[93] https://blogsostenible.wordpress.com/2013/08/14/incencio-plantas-reciclado-plasticos-papel-residuos/

[94] http://www.ecologistasenaccion.org/article17824.html

[95] http://www.comunidadism.es/blogs/residuos-e-incendios-%C2%BFestamos-haciendo-las-cosas-bien

[96] http://tonaymemi.cat/2015/03/27/la-insoportable-complaenca-de-la-gestio-dels-residus/

[97] https://www.productordesostenibilidad.es/2016/08/podemos-evitar-los-incendios-en-instalaciones-de-gestion-de-residuos/

[98] https://www.productordesostenibilidad.es/2017/04/datos-de-reciclaje-en-tiempos-de-posverdad/

[99] https://stopbasura.com/2017/02/15/secuestro-contenedor-amarillo/

[100] http://ec.europa.eu/environment/waste/framework/pdf/Waste%20Summary_ES.pdf

[101] http://www.eldiario.es/cv/opinion/Gran-Pecado_6_525007514.html

[102] http://www.who.int/mediacentre/news/releases/2016/curtail-sugary-drinks/es/

[103] http://vivirsinplastico.com/informe-basuras-marinas-plasticos-microplasticos/

[104] https://www.lahipotesisgaia.com/formas-evitar-botellas-plastico/

[105] http://www.wearewater.org/nowalking4water/es/

[106] http://eur-lex.europa.eu/LexUriServ/LexUriServ.do?uri=OJ:L:2008:312:0003:0030:ES:PDF

[107] http://eur-lex.europa.eu/LexUriServ/LexUriServ.do?uri=CONSLEG:1994L0062:20090420:ES:PDF

[108] https://www.productordesostenibilidad.es/2007/10/adios-al-mercurio-en-los-termometros/

[109] http://www.sigre.es/recicla-punto-sigre/que-llevar/

[110] https://www.boe.es/buscar/act.php?id=BOE-A-2011-13046

[111] http://www.boe.es/buscar/doc.php?id=BOE-A-2015-1762

[112] https://www.productordesostenibilidad.es/2013/10/y-ahora-donde-tiro-una-percha-rota/

[113] http://www.boe.es/diario_boe/txt.php?id=BOE-A-1997-8875

[114] http://www.boe.es/diario_boe/txt.php?id=BOE-A-1998-10214

[115] http://www.boe.es/diario_boe/txt.php?id=BOE-A-2006-20766

[116] http://www.boe.es/diario_boe/txt.php?id=BOE-A-2013-10272

[117] http://blog.consultorartesano.com/2009/02/google-no-lee-tu-correo-lo-hacen-sus-maquinas.html

[118] http://www.versvs.net/la-sociedad-de-control/

[119] http://europa.eu/scadplus/leg/es/lvb/l21225.htm

[120] https://www.productordesostenibilidad.es/2015/04/la-hipoteca-de-los-residuos-de-envases/

Empresa responsable

"Si pudiéramos crear una economía que usara las cosas en lugar de agotarlas, podríamos construir un futuro que pudiera realmente funcionar a largo plazo"

Ellen MacArthur

La austeridad está matando la gestión ambiental

Hablamos mucho de austeridad. De la austeridad mal entendida que rescata intereses privados a cuenta de derechos sociales, de la austeridad que se refleja en el descontento con los partidos políticos "tradicionales" en las últimas elecciones… pero también podemos hablar de la austeridad que está matando la gestión ambiental.

Si en algo se han cebado los recortes a cuenta de la crisis y de un modo relativamente silencioso es con el sector ambiental. Quizá lo más sonado ha sido todo lo relativo al sector de las energías renovables, la limitación de los recursos destinados a la gestión de residuos urbanos o educación ambiental. Pero no han sido los únicos del sector en sufrir las políticas de austeridad.

La gestión ambiental, aplicable a cualquier organización, ha pasado de estar subvencionada, como forma de promocionar la incorporación de sistemas normalizados basados en el Reglamento EMAS o en ISO 14.001, a ser completamente despreciada.

Por el camino se quedaron las buenas intenciones de los planes de contratación pública verde, con los que la Administración sustituyó las subvenciones por el compromiso de licitar y comprar a proveedores que se tomasen en serio la gestión de los impactos ambientales de sus actividades. No es solo el descenso en el número de licitaciones, es el escaso valor que, frente a la variable puramente monetaria, se concede a los criterios ambientales.

Pasa en el sector público y pasa en el sector privado. Los clientes de los consultores ambientales se quejan de que los suyos no miran esto de la ISO. **Grandes empresas con flamantes campañas de responsabilidad corporativa que no tienen en cuenta a la hora de contratar proveedores si estos cumplen o no la normativa ambiental.** Ya no que cuenten con un sistema de gestión certificado o un producto ecológico. Simplemente que respeten la legislación que todos deberían contemplar en el desarrollo de sus actividades.

Y en un sistema en permanentes recortes, que reduce al mínimo el personal en los cuerpos de inspección y los medios necesarios para controlar que todos actuemos bajo las mismas reglas de juego, **resulta difícil competir en precio contra el que no asume los costes ambientales de su actividad.**

Si, en un esquema de austeridad mal entendida, la Administración y las grandes empresas premian con sus compras a los que operan al margen de la ley, ¿quién se va a ocupar de gestionar adecuadamente sus aspectos ambientales?

El greenwashing perjudica seriamente mi trabajo

Greenwashing[121] es el **lavado de cara** que hacen algunas empresas o marcas para conseguir una buena imagen vinculada a valores de respeto al medio ambiente. Una forma de **diferenciarse en el mercado apelando a la sensibilidad ecológica del consumidor**, pero sin que exista una vinculación real entre el mensaje y el desempeño ambiental de la organización. Esta práctica se ha extendido a la responsabilidad corporativa, ampliando el lavado de cara con consideraciones sociales. Cambiando el color verde, demasiado manido, por el azul: bluewashing.

Quizá el gasto en publicidad verde o azul permite la organización de saraos que tanto nos gustan, la financiación de organizaciones sin ánimo de lucro o la puesta en marcha de increíbles iniciativas ¿para salvar el planeta?

Pues no. No podemos perder de vista que el greenwashing no es un patrocinio inocente. Es una forma de ahorrarse el coste de hacer las cosas bien. **En lugar de ser verdaderamente responsables**, evitando daños al medio ambiente, reduciendo sus emisiones contaminantes o la producción de residuos, contratando a personas que trabajen en condiciones dignas y con una remuneración justa (que les permita destinar una parte de su sueldo a financiar las causas perdidas que decidan, a sufragar los costes del evento al que quieran asistir o a promocionar la producción cultural que libremente elijan disfrutar), **las empresas invierten en lavar su imagen.**

No podemos perder de vista que **el objetivo del greenwashing es conseguir que la empresa venda más, no reducir su impacto real.** Así, en este esquema de patrocinio, tendrán preferencia las acciones que oculten el daño que ocasiona la organización patrocinadora sobre aquellas que contribuyan a la sostenibilidad real. Las que mantengan una estructura de consumo que favorezca el modelo de negocio de la corporación, frente a las que cuestionen el despilfarro de recursos.

Entiendo que un gestor de la imagen corporativa me reproche que estoy perjudicando su trabajo cuando critico la campaña de su empresa. Pero resulta que esa estrategia deja fuera de juego a los profesionales de la sostenibilidad. **El trabajo de aquellos que podrían contribuir a la mejora del desempeño ambiental o social de las organizaciones se ve devaluado** en favor de una operación meramente cosmética. Por no hablar del daño al consumidor, a la competencia o a la sostenibilidad.

También **se podrían comunicar los resultados de hacer las cosas bien,** pero parece que al profesional de la comunicación poco empático le da igual lo perverso o manipulador del mensaje que le pagan por transmitir.

Y todos somos cómplices del engaño, en la medida en que **a través de las redes sociales difundimos y participamos en las campañas de green y bluewashing** estamos **contribuyendo a confundir al consumidor y reforzar la estrategia basada en la mentira** sobre el desempeño ambiental de una organización o el impacto ambiental de sus productos y servicios.

Mi especialidad profesional es identificar oportunidades de mejora en el desempeño ambiental de las organizaciones. Aporto valor a través del cumplimiento eficiente de los requisitos legales en materia de medio ambiente y seguridad industrial.

Optimizar la gestión con este enfoque **ayuda a las empresas** no sólo **a reducir su impacto ambiental** y **contar con datos contrastables que comunicar a la sociedad,** también las permite **ahorros significativos en consumo de recursos y materias primas, eficiencia energética o producción de residuos.** Pero, sobre todo, contribuye a la sostenibilidad de la organización: el cumplimiento legal y la correcta gestión de procesos y actividades son factores decisivos en la **competitividad y** la **continuidad de negocio.**

También hago formación. Fundamentalmente vinculada a la legislación ambiental. ¿Quién va a querer aburrirse estudiando obligaciones si le van a contratar por su capacidad de convocatoria para fiestas ruidosas en mitad de un espacio natural protegido? Las escuelas de negocios no escapan a los tentáculos del greenwashing: podríamos hablar de lo mal que venden los estudios de caso sobre empresarios que acaban en la cárcel por delito ecológico, frente a los que tratan marcas que multiplican las ventas por utilizar el color verde en sus webs[122]. ¿Capacitamos profesionales responsables o adoctrinamos consumidores borregos?

Hay algunas empresas que se toman en serio el medio ambiente, la responsabilidad social corporativa y la comunicación. Pero, en un país como España, en el que la mitad de la población se levanta cada día para engañar a la otra mitad, **el greenwashing perjudica seriamente mi trabajo y cada vez el de más gente.**

¿De qué me sirven tu RC y Sostenibilidad si me dejas la calle llena de mierda?

La principal compañía del sector notificó a la comunidad de vecinos que procedería a la **instalación y reparación de cables y equipos de distribución de telecomunicaciones.** Posteriormente, los operarios de alguna subcontrata de la compañía se dejan ver con la escalera apoyada en las fachadas del barrio haciendo sus labores. Los restos generados en su trabajo quedaban desparramados por el suelo al final de cada jornada: restos de goma, varillas metálicas, bolsas con bridas, una pelusa amarilla...

Toda una muestra de sensibilidad social y ambiental:

- Esta compañía líder en **innovación**, que se descuelga con perlas sobre la necesidad de avanzar en la agenda digital, se olvida que sin una buena gestión en lo analógico lo digital anda en riesgo: **si para llevar Internet a mi barrio dejan la calle llena de mierda, no quiero pensar qué hacen para llevar los servicios de telecomunicaciones a lugares recónditos del planeta** donde no les ve nadie.

- El compromiso con la **infancia** de esta empresa pasa por fomentar que los niños se queden jugando en su casa con el tablet[123], no sea que corriendo despreocupadamente por la calle se enreden los pies con esas asquerosas fibras amarillas y se dejen un diente en el bordillo. O les dé por meter la cabeza en una de esas bolsas de plástico, se hagan un torniquete con una brida o a saber qué trastada se les pueda ocurrir con el surtido de nuevos elementos abandonados al azar.

- **Eficiencia energética**: transportamos bridas "de sobra" y las dejamos tiradas en la calle, que la tormenta de la tarde las arrastre a la alcantarilla o que el barrendero las lleve al vertedero a la mañana siguiente. Dentro de un par de años volvemos a reparar los cables descolgados, y listo. Muy eficiente: smart city sostenible se llama.

- Educación y sanidad: echar balones fuera contratando personal al que ni se le forma ni se le informa. **Mano de obra barata que ni conoce ni entiende que existe una normativa que cumplir.** No entro en cuestiones de seguridad y salud en el trabajo, pero a la vista de las evidencias en orden y limpieza también se suspende. Y, sobre todo, dar ejemplo. La tendencia es digital: quédate en casa consumiendo banda ancha y no mires por la venta, no sea que te pase algo.

- Stakeholder engagement: esto sí que lo han hecho bien, que el Ayuntamiento esté recogiéndoles gratis los residuos a cuenta de la tasa de basuras que religiosamente pagamos todos los vecinos tiene mérito.

* Sostenibilidad: a la invitación de impulsar un Internet más green, estaría bien que el responsable de hacer posible ese Internet verde tuviese el detalle de, al menos, gestionar los residuos que genera la instalación del cableado: si en lo que puedo ver evidencio una patética gestión de gestión de residuos, ¿cómo me voy a creer una palabra de las declaraciones corporativas sobre emisiones de efecto invernadero?

Pero todo tiene su lado bueno, con lo que se ahorra esta gente en gestión de residuos (o con lo que pagamos de tasa de basura los vecinos afectados, según se mire) se llevan a los diabéticos a subir el Everest. Eso está muy bien, ya que pasear por el barrio entre tanta basura resulta incómodo, pues que puedan hacer ejercicio en alguna parte.

Lo dicho, no soy cliente de esta compañía y cada vez encuentro más motivos para seguir así: ahora **me dan unas cuantas razones para pensar que su política de responsabilidad corporativa y sostenibilidad es una tomadura de pelo con la que se ríen de clientes,** inversores y otras partes interesadas si las hubiera o hubiese.

La sostenibilidad no está al final de la tubería

El concepto de "soluciones al final de tubería" es la expresión con la que nos referimos a las formas de intentar reducir la contaminación de una actividad industrial tratando sus efluentes después de haberse producido y justo antes de que sean liberados al medio ambiente.

En algunos casos, como en la depuración de aguas residuales o el tratamiento de emisiones atmosféricas, pueden ser remedios bastante eficaces. Pero el objetivo de la gestión ambiental debería ser analizar los procesos industriales y buscar alternativas para evitar la generación de los contaminantes, más que retirarlos de los flujos que abandonan la instalación.

Al igual que sucede con la contaminación, en materia de sostenibilidad las organizaciones pueden optar entre analizar sus procesos y adoptar medidas internas de gestión responsable o ignorar el origen de sus impactos sobre el modelo de desarrollo y dedicarse a colocar parches verdes sobre su reputación corporativa.

Tomemos como ejemplo el de aquella empresa que en lugar de ocuparse de los residuos abandonados por sus subcontratas contrata una organización externa para que dinamice un portal web molón en el que se habla de temas relacionados con la responsabilidad social corporativa. ¿Qué pasa cuando un impresentable expone la problemática en su blog? Que en lugar de responder la empresa afectada diciendo que ha solucionado el problema, contesta el becario "community manager" preguntando dónde están abandonados esos residuos.

Esto evidencia que **la empresa no sólo no se responsabiliza de los impactos de su actividad, tampoco se preocupa de gestionar a sus proveedores de**

una forma que le permita responder ante estos impactos.

Quizá la estrategia de sostenibilidad de cara a la galería consiga el objetivo de proyectar una imagen verde de la compañía. ¿Hasta cuándo? ¿Qué ocurrirá cuando se materialice el impacto de alguno de esos aspectos no controlados? ¿Qué pasará si la transcendencia mediática de un daño ambiental causado por la organización supera la inversión en greenwashing?

La sostenibilidad es algo más que lanzar potentes campañas de comunicación dirigidas a los más vulnerables de la casa. Empieza por revisar la forma en la que se hacen las cosas e incorporar una **triple cuenta de resultados** en la organización.

Si no se tienen en cuenta la valoración social y ambiental de las actividades, invertir recursos económicos en potenciar una imagen verde es una solución a final de tubería que tarde o temprano puede resultar cara: las canalizaciones acaban fallando, dejan escapar nuestro efluente y se nos contamina el suelo por donde menos nos podíamos imaginar. Es cuestión de tiempo.

No culpes a la Administración (ambiental) de tus pecados

Con demasiada frecuencia, los políticos, los empresarios, los técnicos, los consultores y los ciudadanos particulares, tendemos a culpar a la Administración de todos los problemas, incluidos los relacionados con el medio ambiente. Que si los funcionarios esto, que si nadie hace nada, que si todo va muy lento, que si es muy caro cumplir con la legislación ambiental… Y quizá con una Administración más moderna conseguiríamos un mejor nivel protección del medio ambiente y la salud de las personas con un menor coste para todos, pero… ¿podemos echar la culpa de todo al funcionamiento de la cosa pública? ¿Quizá el desconocimiento generalizado de qué es y cómo funciona la Administración tiene algo que ver?

Así, en un desesperado intento de redención para evitar ir al infierno, voy a hacer una enumeración, no exhaustiva y abierta, de pecados típicos que no se deberían cargar contra la Administración:

- El "titulado (normalmente ingeniero) en aquello" no me coge "esto" si no viene visado por el "colegio profesional en aquello": Muchos de los pecados que comentemos en nuestra relación con la Administración vienen del desconocimiento del Procedimiento Administrativo Común. Si acudiésemos al registro para iniciar los trámites con la Administración posiblemente no nos encontraríamos tantas sorpresas. Es mucho más difícil que se nos requiera por escrito a cumplir requisitos que no están exigidos en la normativa, como es el caso de los visados de estudios o proyectos en materias para las que no hay competencias profesionales exclusivas ni requisito legal que los exija. ¿A que si presentas un estudio de impacto ambiental por registro el "titulado en aquello" no te pide el visado? Ni que lo encuadernes en tapas duras o que le pongas un lazo rosa…

- Con esos **plazos** no hay quien haga nada: resulta curioso cómo somos capaces de planificar proyectos sin incluir los tiempos que requiere la normativa para conceder autorizaciones vinculantes. Sí, estudiados en detalle hay procedimientos que dan lugar a líneas temporales absurdas. Pero si el tiempo estimado para conseguir una autorización sin la cual no puedes empezar a hacer nada es de un año… incluye eso como elemento crítico en tu planificación, o asume las consecuencias.

- Me pierden los papeles: todo lo que no se presenta de un modo documentado, preferiblemente por registro, es susceptible de perderse. Lo demás también, pero si no hay constancia de que se ha presentado, no existe. Si la entrega estaba documentada, al menos, podremos echar la culpa a la Administración.

- Lo presenté por registro hace cuatro años pero no me han contestado: nos guste o no, **el silencio administrativo es una respuesta que, en la mayoría de los casos, significa algo.** Que tu vertido de aguas residuales al Dominio Público Hidráulico no está autorizado, por ejemplo. Es cierto que hay supuestos en los que el silencio administrativo deja al interesado en una situación aparente de indefensión absoluta, pero la mayor parte de las veces es sí, no, o todo lo contrario, a estudiar en cada caso particular.

- Aquí me dicen una cosa y allí otra: ¿estás preguntando a la unidad competente? ¿A través de registro o un medio documentado que genere una respuesta vinculante? Porque igual te ha cogido el teléfono, con muy buena voluntad, el becario de una subcontrata que pasaba por allí…

- Nadie se ocupa de lo mío: Adelgazando la Administración estamos consiguiendo que cada vez tenga menos personal para atender lo nuestro. ¿Un interlocutor único para los asuntos de mi empresa? menudo lujo con la que está cayendo. Preguntando a diestro y siniestro qué hay de lo mío tampoco ayudamos a que se resuelva ágilmente. ¿Hace falta un esfuerzo para mejorar la comunicación? Seguro, pero conozcamos los medios existentes y utilicémoslos de forma responsable.

- A ese se lo dan y a mí no: ¿lo has pedido por registro? ¿El otro tampoco? Pues igual en lugar de protestar te toca notificar un caso de prevaricación, seguramente contarías con el apoyo de esos a los que tampoco se lo han dado y nos harías un favor a todos.

- Esto no es lo que yo quería: pues, salvo que te conformes con pájaro en mano, recurre, en todas las resoluciones se indica cómo hacerlo. ¿A qué esperas?

- Mi vecino lo hace peor y no le dicen nada: **los recursos para inspección de la Administración ambiental son francamente limitados.** Si te están haciendo competencia desleal en la puerta de tu casa, incumpliendo manifiestamente la normativa, ¿por qué no agilizas el funcionamiento de la Administración con una denuncia? Por cierto, denunciar es notificar formalmente a la Administración, no poner en el muro un comentario quejoso.

- Un consultor me ha dicho: el consultor, en ocasiones, dice lo que sea necesario para mantener y facturar a un cliente. Y la mala fama de la Administración suele jugar a favor de sus intereses.

- El auditor de la ISO me pide: ocurre que entre el auditor de la ISO y la empresa existe un contrato privado dentro del cual se pueden pedir y entregar lo que les parezca oportuno. Pero **algunos auditores de ISO que piden cosas que no aparecen en ninguna legislación vigente.**

- No me dicen qué ley tengo que aplicar: Cierto, difícilmente un funcionario, desde una oficina, va a poder saber qué disposiciones legales son aplicables a tu actividad. Te podrá facilitar la consulta de la normativa vigente y aclararte alguna duda concreta… ¿esperas que por teléfono y en la distancia sea capaz de clasificar tus residuos peligrosos? Nos guste o no **el titular de la actividad es responsable de conocer, a priori, todas las normas que van a aplicar al desarrollo de**

la misma. Puede esperar a que le caiga una sanción para descubrir la profusa, difusa y confusa legislación ambiental o contar con alguien capaz de identificar esos requisitos y organizar la gestión de la actividad para dar cumplimiento adecuado a los mismos.

* Hay tantas interpretaciones de la legislación: las leyes sólo admiten la interpretación de los jueces, los demás podemos opinar o tener un criterio más o menos acertado de cómo esas normas se deben aplicar a una determinada circunstancia. Por supuesto que no nos gusta vernos en la situación de poner a prueba esa opinión en un juzgado, pero los que asesoramos (desde dentro o fuera) a empresas deberíamos estar dispuestos a ello. Y ser capaces de defender nuestro criterio.

* En cada comunidad autónoma piden una cosa distinta: Todas las empresas y ciudadanos europeos tienen las mismas obligaciones y derechos en materias como protección de la atmósfera, residuos, vertidos de aguas residuales, ruido… Pues que cada cual valore si es mejor desarrollar un procedimiento de gestión de residuos diferente para cada instalación ubicada en una comunidad autónoma distinta o agarrarse al punto anterior. Si descendemos al nivel local… yo no tengo claro que el Ayuntamiento de Madrid pueda sancionarme por separar mal los residuos.

* No sabía que tuviese que traer esto: ¿qué valoras más el tiempo de preparar el trámite o el de volver mañana? Acudir a ver qué pasa siempre tiene consecuencias. También es cierto que no es fácil

encontrar la información, pero para eso estamos los usuarios: para exigirla.

- Tengo que echar toda la mañana: Claro, y por eso te has ofrecido voluntario a llevar los papeles. Sales de la oficina, te aireas un poco, quedas a tomar café con alguien que llevas un montón de tiempo sin ver… pero la culpa es de los torpes del registro que te han hecho dar mil vueltas, o de la cola imaginaria que había… Qué bueno es tener funcionarios de por medio…

De todos modos, sea lo que sea, recuerda que la culpa de todo la tiene Yoko Ono.

Política ambiental: apropiada a la naturaleza de la organización

Uno de los primeros requisitos que debería cumplir cualquier empresa interesada en *"alcanzar y demostrar un sólido desempeño ambiental mediante el control de los impactos de sus actividades, productos y servicios sobre el medio ambiente"*, mediante la certificación de un sistema de gestión basado en UNE-EN-ISO 14.001, es contar con una **política ambiental** ***"apropiada a la naturaleza, magnitud e impactos ambientales de sus actividades, productos y servicios"***, *"dentro del alcance definido de su sistema de gestión ambiental"*.

Esto que aparentemente resulta sencillo cuesta transmitirlo cuando uno intenta explicar en qué consiste esto de la ISO. Nos dejamos llevar por la pasión y hacemos documentos creativos que poco tienen que ver con la práctica diaria de la gestión ambiental.

Pero si nos comparamos con lo que han hecho otros antes tampoco encontramos consuelo. El mundo está plagado de deslumbrantes ejemplos perversos: **son muchas las políticas corporativas de sostenibilidad en las que la creatividad del redactor desbordó ampliamente el ámbito de actividad de la empresa y el alcance de su sistema de gestión.**

Si estás certificando las oficinas comerciales de la compañía en el centro de una gran urbe, no tiene sentido que me digas que la organización tiene un gran compromiso con la conservación de la ballena azul o que hará todo lo que esté en su mano para acabar con el hambre en el mundo.

Eso se llama greenwashing. Especialmente si consigues un sello que únicamente justifica que utilizas papel reciclado cuando tu principal proveedor explota mano de obra infantil en un país asiático. Y debería tener un impacto en la comunicación. ¿Cómo me voy a creer que estás haciendo algo por conservar la selva amazónica o por el futuro de los bosquimanos si tus subcontratas van abandonado sus residuos en las aceras de mi barrio?

A pesar de todo, dentro de ese mundo de portales verdes y azules que a diario acumulan artículos, propuestas e iniciativas que poco o nada tienen que ver con las actividades, productos o servicios de las organizaciones que pagan a otros para que los mantengan, **se empiezan a abrir un hueco las empresas que cuentan con personas que han entendido cual es la verdadera responsabilidad de la organización.** Que

empiezan a incorporar criterios de sostenibilidad en su modelo de negocio o que hacen encuestas de materialidad en las que **preguntan al personal** (más o menos abiertamente) **qué considera relevante y qué quiere ver reflejado en los informes anuales de responsabilidad social.**

No sé si es una vuelta de tuerca más de la comunicación empresarial o si realmente se están generalizando compromisos corporativos reales (y realistas) con los desafíos que afrontamos como especie que habita un planeta de recursos materiales limitados.

Tengo la esperanza de que sea una tendencia que nos permita avanzar en un modelo de desarrollo más sostenible y trabajar más a gusto en esto de identificar oportunidades de mejora.

EMAS, declaración medioambiental y publicidad verde

EMAS es el Reglamento Comunitario de Ecogestión y Ecoauditoría[124], un mecanismo voluntario para las organizaciones que quieran demostrar su compromiso con el medio ambiente.

Aquellas que cuenten con un sistema de gestión ambiental, cumplan la legislación que les sea de aplicación, y estén al corriente con la Administración en lo que se refiere a autorizaciones y licencias, pueden optar a un **distintivo que reconoce el esfuerzo de identificar, gestionar los aspectos ambientales y prevenir los daños que una empresa puede causar a su entorno.**

Existen otros distintivos, pero EMAS es el más riguroso y prestigioso. Frente a opciones privadas, puestas en marcha por empresas o asociaciones, EMAS está avalado por las instituciones europeas, tanto por estar establecido a través de un proceso reglamentario, como porque son las propias administraciones las que supervisan el acceso y uso del distintivo ambiental.

En este marco, las empresas que se adhieren a EMAS, tienen que elaborar un informe público en el que recogen datos sobre su desempeño en materia de medio ambiente: la **declaración medioambiental.**

Según el reglamento es información completa que se ofrece al público y a otras partes interesadas sobre una organización en relación con:

- su estructura y actividades;
- su política medioambiental y su sistema de gestión medioambiental;
- sus aspectos medioambientales y su impacto ambiental;
- su programa, objetivos y metas medioambientales;
- su comportamiento medioambiental y el cumplimiento por su parte de las obligaciones legales aplicables en materia de medio ambiente.

La declaración se somete a validación, que es la confirmación por parte de un verificador medioambiental de que la información y los datos que figuran en la declaración medioambiental de una organización son fiables, convincentes y correctos y cumplen los requisitos del Reglamento EMAS.

Es decir, las empresas que utilizan este logotipo para promocionarse como empresas verdes no están haciendo greenwashing. Utilizan una herramienta de mercado que (mediante de este distintivo) permite a los consumidores (y a otras partes interesadas) confiar en la información recogida en la declaración medioambiental. Y en que el compromiso de la organización con la sostenibilidad tiene un reflejo real en su forma de hacer las cosas.

---

[121] https://www.lahipotesisgaia.com/que-es-el-greenwashing/
[122] http://periodismohumano.com/sociedad/medio-ambiente/empresas-contaminantes-con-paginas-web-muy-verdes.html
[123] http://www.rcysostenibilidad.telefonica.com/blogs/2014/02/25/menores-dispositivos-moviles-uso-smartphones-tabletas/
[124] http://ec.europa.eu/environment/emas/index_en.htm

En bici al curro

"Tenemos que inculcar en el código de conducta de las futuras generaciones el respeto a la vida y el conocimiento profundo de que forman parte de una gran comunidad extraordinariamente fuerte pero terriblemente vulnerable"

Félix Rodríguez de la Fuente

Mi primera bici

Mi primera bici pasó a ser de otra persona. Era 2008 y la bicicleta llevaba algún tiempo sin uso. Así que, cuando una compañera de trabajo dijo que andaba buscando una bicicleta de segunda mano, no dudé en darle la oportunidad de disfrutar del vehículo con el que tantos buenos ratos había pasado.

Todo empezó mucho tiempo atrás, cuando mis padres me llevaron a por aquella Orbea verde plegable. Equipada con su pata de cabra, guardabarros delantero y trasero, trasportín trasero y cubre cadena metálico.

Cuando me la compraron no llegaba a los pedales, a los que les adosaron unos tacos de madera para que pudiese pedalear sin problemas. Por aquel entonces crecía rápido y una visión práctica y de futuro hizo de aquella una buena inversión. **Antes había tenido un triciclo marrón, metálico, ¡qué pena el día que lo vi en el carro del chatarrero!** Vagamente recuerdo una bici pequeña de piñón fijo, con unas ruedas de plástico rígido que se abrieron cuando bajaba por una cuesta.

¡Qué alegría el día que di mis primeras pedaladas sin ruedines en la Orbea! Íbamos camino al parque, pero la impaciencia hizo que en un descampado, ahora urbanizado, hiciese las prácticas de equilibrio definitivas. En aquella época, no sabía frenar y no llegaba desde el sillín al suelo, por lo que me tiraba de la bicicleta cuando quería parar.

Donde más jugo le sacamos a la bicicleta fue en los pueblos: hijo del éxodo rural, aquella bicicleta plegable, compañero fiel del verano, recorría la geografía nacional año tras año.

Con ella viví mis primeras aventuras: me llevaba de merendola y me aguantaba durante prácticamente todo el día, dando vueltas en la plaza o de escapada a algún pueblo cercano. Aprendí a hacer caballitos, derrapes (no muchos, que se gastaba la cubierta), conducir temerariamente sin manos, levantarme sobre el trasportín, hacer equilibrios en los bordillos, bajar escaleras, saltar... Todo eso acabaría pasando factura... hubo que soldar un par de veces el cuadro, la última con un suplemento para reforzar y evitar nuevos disgustos.

También aprendí mecánica básica y mantenimiento de bicicleta... **los cables de freno siempre se partían en el momento más inoportuno.** Con esta bicicleta recorrí muchos caminos, algunos conocidos, otros nuevos... incluso alguna vez me perdí y tuve que volver sobre mis rodadas, abandonando toda esperanza de llegar al objetivo esperado.

Alargamos la vida útil con una barra de sillín más larga, hasta que **fue sustituida por una bicicleta de bmx con la que hacer el cafre bien a gusto.** La Orbea pasó a manos de mi hermana, con las pertinentes quejas por no estrenar bici, pero con el orgullo (no reconocido) de heredar una máquina mítica. Cuando se quedó pequeña para ella, mi padre cambió el sillín de la bici verde y la estuvo utilizando hasta que la sustituyó por la que había sido mi primera bici de montaña.

Con dos pueblos y una fuerte afición a la bicicleta, he utilizado muchas: nuevas, de segunda mano, propias, prestadas, de carreras, de montaña, de paseo... Pero **con mi primera bicicleta aprendí a mantener el equilibro, a caer, a levantarme y seguir camino.** Y tú, ¿qué recuerdas de tu primera bici?

¿Te imaginas un mundo sin coches?

Después de un montón de tiempo planteándome la posibilidad de ir a trabajar en bicicleta se me ocurrió la feliz idea de probar a recorrer la distancia desde donde vivo a mi centro de trabajo.

Bajé al trastero, inflé las ruedas, limpié el polvo que empezaba a acumularse en el sillín y me puse manos a la obra.

La verdad es que no me imagino un mundo sin coches. Tampoco me he planteado si sería deseable. Lo que si tengo claro es que hay formas de moverse que no implican quemar petróleo o que podrían emitir menos contaminantes atmosféricos que los coches propulsados con gasolina o combustible diésel.

El experimento me ha llevado a sacar algunas conclusiones:

- A pesar de mi bajo estado de forma, he tardado un tercio menos del tiempo que normalmente empleo en llegar al trabajo.

- Hace falta más respeto y evitar el conflicto entre usuarios de distintos tipos de vehículos: todos somos personas desplazándonos, no grupos enfrentados.

- La ciudad no tiene tantas cuestas como creía o no son tan duras como aparentan. El esfuerzo a invertir se puede controlar buscando rutas con distinto nivel de dificultad.

- Tengo que hacerme con una mascarilla o un filtro que disminuya la cantidad de partículas que respiro mientras monto en bicicleta. Los humos de escape son el peor enemigo del ciclista urbano.

- Necesito mejorar mi forma física antes de plantearme ir a trabajar todos los días en bicicleta, pero es algo que está al alcance de la mano.

En bici al punto limpio

A pesar de que la entrada del otoño se añade a la lista de excusas para no ir en bici al trabajo, no quiero dejar que el sillín vuelva a coger polvo.

Tenía acumulada en casa una cierta cantidad de chatarra electrónica... un montón de chismes que habían dejado de cumplir su función. Para la mayoría, destornillador en mano, había conseguido disipar cualquier esperanza de que pudieran volver a ser útiles, así que los he metido en una mochila y me he acercado al punto limpio a tirarlos.

La experiencia ha sido buena y he aprovechado para pedalear un poco más cuando me he desecho de la carga. Definitivamente, la bicicleta es un buen medio de transporte urbano, sólo hay que buscar una excusa para probarlo.

Una mascarilla te vendría bien

Normalmente, en mis trayectos urbanos en bicicleta suelo llevar una mascarilla. Un día que no llevaba un motorista con el que coincidí en un semáforo me saludó y me dijo esa frase: *"Una mascarilla te vendría bien"*.

La contaminación atmosférica es un tema que ya me preocupaba antes, pero pedalear por la ciudad a finales de agosto, a eso de las cuatro menos cuarto de la tarde, detrás del autobús, da otra perspectiva a la cosa. Le hace a uno tomarse en serio las alertas de superaciones de umbrales de contaminantes.

Tengo claro que las mascarillas higiénicas, las más baratas y que se encuentran en cualquier lado, no sirven para nada: en algunos envases se puede leer claramente un mensaje que advierte que no sirven para protección contra partículas.

Lo mismo ocurriría si utilizásemos un pañuelo o una bandana, que me han llegado a ofrecer en algún comercio "especializado" en deportistas. Tampoco nos vamos a ir a un equipo de respiración autónomo, pero parece interesante disponer de algo que permita montar en bicicleta sin acumular en mis pulmones todas las emisiones de los vehículos diésel de la ciudad.

En este sentido, me gustan las mascarillas autofiltrantes que cumplen con el estándar FFP2 de la norma UNE EN 149. Se pueden encontrar en una amplia variedad de establecimientos, desde las estanterías de ferreterías a tiendas especializadas en ropa de seguridad laboral, pasando por alguna farmacia y centros comerciales. Las distinguimos de otras buscando en alguna parte del envase o sobre la propia máscara la referencia "FFP2".

En teoría, pueden retener algunos de los contaminantes que, sin su uso, pasarían directamente a mis pulmones. En concreto, una parte importante de las partículas en suspensión y algunos compuestos orgánicos volátiles, que son dos de las cosas que salen de los tubos de escape formando el humo.

Ciclista urbano, mejor con pantalón largo

La bicicleta siempre es una fuente de enseñanzas. En mi caso la última lección la he aprendido de una caída. Hacía tiempo que no aterrizaba desde la bicicleta y no recuerdo haberme pegado una torta tan espectacular en ciudad. El caso es que hace unas semanas acabé arrastrándome por el asfalto. Fue en una rotonda, al recuperar la posición al manillar después de señalizar y asegurarme de que los vehículos que me seguían se habían percatado de que estaba en la rotonda y pretendía continuar en ella.

Sí, en mitad de una glorieta fui a parar al suelo. El susto fue tal que no me paré a evaluar el impacto de la caída, agarré la bicicleta y me puse a pedalear como un poseso intentando salir de allí cuanto antes. Afortunadamente sí había conseguido mi propósito de dejar clara mi trayectoria y los vehículos que venían detrás reaccionaron bien. Pero el miedo a ser atropellado me hizo escapar antes de hacer la evaluación de daños.

En cuanto pasó el primer susto noté que algo no andaba bien del todo en la pierna que había arrastrado por el asfalto. Nada demasiado grave, pero me había dejado el pantalón en la calzada. El desgarro había dejado mi pierna expuesta y también se llevó un buen raspón que, presumiblemente, hubiese sido bastante peor si no hubiese sido por la fina tela que se llevó el primer impacto.

No es frecuente caerse de la bicicleta en ciudad, pero sí aprendí que merece la pena llevar pantalón largo. A cierta velocidad, como vemos en las caídas de las carreras ciclistas, el asfalto se lo va a comer, pero si no llevas nada entre la piel y la carretera seguro que la quemadura por la fricción es más grave.

En lo fugaz de la caída no sé si llegué a apoyar el casco de la bici en el suelo o no, pero desde luego que lo seguiré utilizando. Quizá no me libre de todas las posibles lesiones, pero visto el resultado sobre la rodilla, mejor prevenir el rozamiento.

También certifiqué que ir en la bici en chanclas no es una buena idea. Desde luego que no hubiese tenido la protección ni la capacidad de reacción que me dio ir bien calzado.

Así que si tuviese que darte un consejo para montar en bicicleta por la ciudad te diría que te pongas pantalón largo. Y que lleves agua, nunca se sabe cuándo te va a hacer falta.

La herida ha evolucionado bien. Formó una gran costra, sobre las marcas que dejaron aquellos veranos en el pueblo de dos meses seguidos de rodillas sangrantes, que se va desprendiendo poco a poco dejando una nueva cicatriz. Ya estoy listo para la próxima lección al manillar.

¡Qué miedo me das en chanclas con la bici!

Me gusta, siempre que tengo ocasión, desplazarme por la ciudad en bicicleta. Siendo consciente de que su uso es voluntario, suelo llevar casco. También me gusta llevar mascarilla y alguna prenda que me haga bien visible... Vamos, que no soy candidato a salir en las fotos de Madrid Cycle Chic[125]. A cambio consigo cierta seguridad, comodidad y, si las circunstancias lo permiten, algo de velocidad. Porque uno no puede darse la paliza de camino a una reunión, pero si en nuestro destino nos espera una ducha... ¿por qué no darse un poco de caña?

Estoy de acuerdo con los detractores del casco en que no evita la mayor parte de las lesiones que podría causar un accidente ciclista. También soy consciente de que, **incluso con chaleco reflectante,** mochila amarilla, algo más de un metro ochenta y noventa quilos de peso, sobre mi bicicleta adornada con pegatinas chillonas y distintos elementos reflectantes y una feria de luces, **sigo siendo invisible para gran parte de los conductores.** Algún susto sin mayores consecuencias ha venido a confirmarlo y a preguntarme qué ocurriría si no tomase esas precauciones.

Quizá por todo ello, cada vez que me cruzo con alguno de esos ciclistas urbanos que pedalean por la capital como si fuesen camino de un chiringuito de playa, me entra verdadero pánico. Entiendo que mi parafernalia puede resultar excesiva, pero **circular sobre una bicicleta, en una ciudad como Madrid, en chanclas, me parece un riesgo innecesario.**

Quizá sea, como todo, cuestión de práctica. Pero no paro de pensar en las múltiples posibilidades que ofrecen las chanclas de **enganchase** de un modo poco deseable, **salirse del pie** en el momento menos oportuno y, sobre todo, de lo que podría ocurrir si toca echar el pie a tierra en una situación de urgencia.

Quizá a otros ciclistas les horroricen los rastrales de mis pedales, que, si bien podrían dejarme atrapado, hasta la fecha me han servido para salir airoso de las situaciones más comprometidas a las que me he enfrentado.

Supongo que esto del calzado ciclista es un mundo y que desde los pedales automáticos a las chanclas, pasando por los mocasines, hay una gran variedad de posibilidades, la cuestión es: ¿qué calzado utilizas cuanto montas en bicicleta? ¿Por qué?

---

[125] http://madridcyclechic.blogspot.com.es/

Legislación y normalización

"La normativa ambiental es un derecho profuso, confuso y difuso"

Andrés Betancor

10 leyes de medio ambiente que cualquiera debería conocer

Regulan nuestras relaciones con la Administración, nuestros derechos o garantías como consumidores y, a pesar de que el desconocimiento no exime de su cumplimiento, en términos generales y salvo que nos hubiésemos tropezado previamente con ellas, las **leyes suelen ser grandes desconocidas.**

El ámbito ambiental, desconocido por sí mismo, no es una excepción. Algo paradójico si pensamos que **la mayor parte de las leyes de medio ambiente sirven para regular materias de interés general**, en las que la participación del público para cumplir el objetivo de protección ambiental es estratégico.

No digo que deban enseñarse en el colegio (especialmente en un país en el que cualquiera puede salir del instituto y ponerse a trabajar sin conocer la legislación que afecta a sus relaciones laborales con la empresa que le contrata), pero sí que deberíamos saber que existen y aplicarlas, que algunas se nos están oxidando de no utilizarlas.

- *Ley 27/2006, de 18 de julio, por la que se regulan los derechos de acceso a la información, de participación pública y de acceso a la justicia en materia de medio ambiente*[126]: regula algo tan interesante como que **cualquiera**, sin necesidad de acreditar un interés concreto, **puede acceder a la información sobre el estado y la evolución del medio ambiente en poder de la Administración**: desde los datos de contaminación o reciclaje de residuos a los análisis y supuestos de carácter económico que justifican la aprobación de otras leyes ambientales. También establece que **todos tenemos derecho a participar en los procesos de toma de decisiones** en materia de medio ambiente y que **la Administración nos tiene que tener en cuenta en la elaboración de planes, programas y disposiciones de carácter general relacionados con el medio ambiente**.

- *Ley 22/2011, de 28 de julio, de residuos y suelos contaminados*[127]: en la que se dice, entre otras muchas cosas, que **estamos obligados a entregar nuestros residuos domésticos** para su tratamiento, en los términos que establezcan en sus ordenanzas, **a las Entidades Locales**. Estas, a su vez, quedan obligadas a la recogida, el transporte y el tratamiento de los residuos domésticos generados en los hogares.

- ***Ley 11/1997, de 24 de abril, de Envases y Residuos de Envases***[128]: esta es la que regula el contenedor amarillo y las alternativas para la gestión de residuos de envases.

- ***Ley 37/2003, de 17 de noviembre, del Ruido***[129]: aquí se trata la contaminación acústica, pero para el ruido en los lugares de trabajo o las molestias entre vecinos nos envía directamente a la legislación de prevención de riesgos laborales o lo que digan las ordenanzas municipales.

* *Ley 21/2013, de 9 de diciembre, de evaluación ambiental*[130]: dice que el proyecto y el estudio de impacto ambiental se someterá a información pública durante un plazo no inferior a treinta días en una fase del procedimiento sustantivo de autorización del proyecto en la que estén abiertas todas las opciones relativas a la determinación del contenido, la extensión y la definición del proyecto. Es decir, que **los ciudadanos tenemos voz en el proceso de aprobación de proyectos que afectan al medio ambiente.**

* ***Ley de prevención y control integrados de la contaminación***[131]: esta sólo afecta a grandes empresas con gran riesgo de contaminación, pero establece igualmente que se consulte a los ciudadanos antes de autorizar su funcionamiento. Además, de algún modo, se relaciona con el PRTR[132], y eso pone a nuestro alcance mucha información sobre las emisiones industriales

* Ley de aguas: entre el *Real Decreto Legislativo 1/2001, de 20 de julio, por el que se aprueba el texto refundido de la Ley de Aguas*[133] y su desarrollo normativo encontramos todo lo que tiene que ver con el agua. En este ámbito más general encontramos la regulación del Dominio Público Hidráulico, que nos dice lo que podemos y no hacer con este preciado recurso compartido por todos. En

este mismo capítulo destacaría la *Ley 22/1988, de 28 de julio, de Costas* y la *Ley 43/2003, de 21 de noviembre, de Montes*, con sus respectivas regulaciones de usos de los medios a los que se refieren.

- *Ley 42/2007, de 13 de diciembre, del Patrimonio Natural y de la Biodiversidad*[134]: entre otras cuestiones, esta ley considera que *"el patrimonio natural y la biodiversidad desempeñan una función social relevante por su estrecha vinculación con el desarrollo, la salud y el bienestar de las personas y por su aportación al desarrollo social y económico"*. Sobre esas premisas recopila las distintas figuras de protección que interesa conocer para hablar con propiedad, entre otras cosas, de los distintos tipos de espacios naturales protegidos.

- ***Ley 34/2007, de 15 de noviembre, de calidad del aire y protección de la atmósfera***[135]: define los niveles de contaminación atmosférica, objetivos de calidad del aire, umbrales de información y alerta... todos esos parámetros que se están poniendo de moda ahora que empezamos a ser conscientes de que una atmósfera contaminada es una amenaza seria para nuestra salud.

- *Ley 26/2007, de 23 de octubre, de Responsabilidad Medioambiental*[136]: Afecta a cualquier actividad económica que cause un daño al medio ambiente y establece que cualquiera puede solicitar a la Administración pública la información de la que disponga sobre los daños medioambientales y sobre las medidas de prevención, de evitación o de reparación de tales daños.

Espero haber despertado tu interés con esta breve y rápida presentación. No son las únicas leyes de medio ambiente, pero sí me parecen destacables, al menos por su papel en lo que se refiere a los derechos y obligaciones de las personas en relación al medio ambiente y, especialmente, en cuanto a participación y acceso a la información ambiental.

¿Qué es el PRTR?

PRTR-España es el Registro Estatal de Emisiones y Fuentes Contaminantes, anteriormente (entre 2001 y 2007) conocido como EPER.

A efectos prácticos, PRTR-España es una base de datos pública en la que podemos consultar información sobre determinadas sustancias contaminantes y las empresas que las producen de acuerdo a una serie de normativa internacional, europea y estatal que obliga a las industrias a declarar un conjunto de información cuando superan ciertas cantidades de dichas sustancias. Así, los titulares de los complejos industriales deben comunicar a sus autoridades competentes anualmente información sobre:

- emisiones de determinadas sustancias contaminantes al aire, agua y suelo,
- emisiones accidentales,
- emisiones de fuentes difusas,
- transferencias de residuos fuera de los complejos industriales,

Cabe destacar que el suministro y publicación de datos sólo es obligatorio para las actividades a las que se aplica el Real *Decreto 508/2007, de 20 de abril, por el que se regula el suministro de información sobre emisiones del Reglamento E-PRTR y de las autorizaciones ambientales integradas*[137]. Y sólo cuando superen los umbrales de capacidad de la actividad e información pública recogidos en el anexo de esta norma. Esto no implica incumplimiento legal. Es decir, una empresa aparece en PRTR cuanto utiliza grandes cantidades de ciertas sustancias, no porque tenga emisiones ilegales de las mismas.

Así pues, **PRTR es un mecanismo de control de las actividades obligadas a suministrar datos sobre sus emisiones** y de información pública, ya que todos podemos acceder a la parte de los datos comunicados que superan ciertos umbrales.

A partir del libre acceso a esos datos podemos conocer mejor el estado y evolución del medio ambiente, así como posibles afecciones al mismo por parte de distintas actividades económicas.

Igualmente, cabría suponer que las industrias en PRTR tienen incentivos para tener un buen comportamiento ambiental: además de estar sujetas a inspección reglamentaria tienen la obligación de publicar sus datos, quedando expuestas a la acción de las distintas partes interesadas, agentes sociales o cualquier particular. Por supuesto, mentir en los datos presentados a PRTR es una infracción sancionable.

La página web PRTR-España[138] contiene el inventario de instalaciones sujetas a PRTR y se completa con una interesante recopilación de la legislación que regula el registro, información práctica sobre su funcionamiento y cómo pueden las empresas dar cumplimiento a sus obligaciones al respecto, guías de mejores técnicas disponibles y documentos BREF y un montón de información interesante.

Diferencia entre valor límite de emisión y objetivo de calidad ambiental

Tanto si hablamos de contaminación atmosférica como de aguas residuales, la tendencia legislativa es a establecer dos tipos de valores. Por un lado están las concentraciones máximas de contaminantes que un determinado entorno puede soportar y por otro lado los valores admisibles de esos contaminantes que puede emitir una determinada actividad industrial. Así:

- **Valor límite de emisión (VLE)** sería la cantidad de contaminante que no debe sobrepasarse en una emisión con el fin de prevenir o reducir los efectos de la contaminación.

- Por su parte el **objetivo de calidad ambiental** es el valor de un contaminante que no debe superarse en un determinado ambiente para evitar los efectos de la contaminación sobre los ecosistemas o la salud de las personas.

Las distintas normas de contaminación atmosférica, aguas residuales o contaminación acústica adaptan estos conceptos a los aspectos que regulan, introduciendo matices y definiciones concretas de aplicación al medio que protegen y los contaminantes sobre los que establecen requisitos concretos.

En atmósfera encontramos, entre otros:

* Valor límite de emisión: Cuantía de uno o más contaminantes en emisión que no debe sobrepasarse dentro de uno o varios períodos y condiciones determinados, con el fin de prevenir o reducir los efectos de la contaminación atmosférica.

* Objetivo de calidad del aire: La cuantía de cada contaminante en la atmósfera, aisladamente o asociado con otros, cuyo establecimiento conlleva obligaciones conforme las condiciones que se determinen para cada uno de ellos.

Para ruido:

* Valor límite de emisión: valor del índice de emisión que no debe ser sobrepasado, medido con arreglo a unas condiciones establecidas.

* Objetivo de calidad acústica: conjunto de requisitos que, en relación con la contaminación acústica, deben cumplirse en un momento dado en un espacio determinado.

Y en aguas:

* Valor límite de emisión: la masa, expresada como algún parámetro concreto, la concentración o el nivel de emisión, cuyo valor no debe superarse dentro de uno o varios períodos determinados.

* Norma de calidad ambiental (NCA): la concentración de un determinado contaminante o grupo de contaminantes en el agua, los sedimentos o la

biota, que no debe superarse en aras de la protección de la salud humana y el medio ambiente.

En líneas generales y simplificando mucho, los primeros son los que son exigibles a las actividades económicas y se fijan en sus autorizaciones ambientales. Los segundos son los valores que deben inspirar la actuación de la Administración, así como orientar las limitaciones y los controles que se establecen a las actividades, en particular, mediante la fijación de valores límites de emisión concretos.

Profesor, ¿dónde miro los valores límites de emisión?

Es una de las preguntas más repetidas cuando uno da clase sobre medio ambiente. El alumno siente una increíble paz de espíritu si el profesor le da una lista de contaminantes y los valores máximos de los que pueden ser emitidos. Era la forma tradicional de legislar en medio ambiente, pero eso está cambiando. Ahora la cosa es un poco más compleja.

Sí, seguimos teniendo listas de contaminantes malos o muy malos. Algunas normas prohíben, recomiendan la sustitución o limitan la utilización de sustancias y compuestos químicos que son peligrosos para la salud de las personas y para el medio ambiente. Pero, cada vez menos, lo que una determinada industria puede emitir a la atmósfera o verter en el agua aparece en un listado en el anexo de una norma concreta.

Entonces, ¿dónde miro los valores límites de emisión? Pues, si resulta de aplicación a la actividad, **los valores límites de emisión van a estar recogidos en su Autorización Ambiental Integrada**. Los habrá decidido un técnico basándose en información sobre las Mejores Técnicas Disponibles del sector al que pertenezca la actividad concreta y las normas de calidad ambiental que correspondan al lugar donde se ubica la instalación. Por supuesto, también habrá de tener en consideración cualquier norma en la que aparezcan las sustancias y, en su caso, los valores regulados.

Y sí. Los valores límite de emisión para una mi fábrica no van a coincidir necesariamente con los de otra instalación que se dedique a hacer lo mismo que yo hago: dependerán de la calidad ambiental del entorno en el que me ubique y de otros factores considerados durante la tramitación de autorización. ¿Injusto?

No, es la forma de incentivar la **incorporación de mejoras que permitan reducir el impacto ambiental de la actividad**, conseguir **que los ecosistemas no reciban más contaminación** de la que pueden soportar y **premiar al empresario responsable de poner en marcha su actividad siempre que asuma las responsabilidades asociadas a las externalidades negativas que causa.**

¿Puedes saber si un suelo está contaminado sin analizarlo?

En un primer momento, como respuesta corta, el cuerpo nos pide una rotunda negación. Pero vamos por partes. Según la definición dada por la *Ley 22/2011, de 28 de julio, de residuos y suelos contaminados*[139]:

"Suelo contaminado: aquel cuyas características han sido alteradas negativamente por la presencia de componentes químicos de carácter peligroso procedentes de la actividad humana, en concentración tal que comporte un riesgo inaceptable para la salud humana o el medio ambiente, de acuerdo con los criterios y estándares que se determinen por el Gobierno, y así se haya declarado mediante resolución expresa.".

Y para saber si en un suelo hay "presencia de componentes químicos de carácter peligroso procedentes de la actividad humana, en concentración tal que comporte un riesgo inaceptable", tendremos que muestrear, analizar y comparar contra "los criterios y estándares". Pero antes de llegar a eso podemos tener algún motivo para querer indagar sobre la hipotética presencia de esos componentes químicos.

Un mínimo conocimiento de la legislación ambiental nos pondría sobre la pista de una serie de requisitos documentales, en los que encontrar información relativa al riesgo de contaminación del suelo sobre el que se asienta una determinada actividad. En particular, de la citada *Ley 22/2011* y el *Real Decreto 9/2005, de 14 de enero, por el que se establece la relación de actividades potencialmente contaminantes del suelo y los criterios y estándares para la declaración de suelos contaminados*[140], se deducen, entre otros, los siguientes:

- Los propietarios de las fincas en las que se haya realizado alguna de las actividades consideradas como potencialmente contaminantes están obligados, con motivo de su transmisión, a declararlo en escritura pública. Este hecho será objeto de **nota marginal en el Registro de la Propiedad.**

- Las Comunidades Autónomas elaboran un **inventario con los suelos declarados como contaminados.** La declaración de un suelo como contaminado obliga a realizar las actuaciones necesarias para proceder a su limpieza y recuperación y es objeto de **nota marginal en el Registro de la Propiedad.** Esta nota marginal se cancelará cuando la Comunidad Autónoma correspondiente declare que el suelo ha dejado de tener tal consideración.

- La descontaminación de un suelo puede llevarse a cabo, sin la previa declaración del suelo como contaminado, mediante un proyecto de recuperación voluntaria aprobado por el órgano competente de la Comunidad Autónoma. Tras la ejecución del proyecto se acreditará que la descontaminación se ha llevado a cabo en los términos previstos en el proyecto. La administración competente llevará un **registro administrativo de las descontaminaciones que se produzcan por vía voluntaria.**

- Los titulares de Actividades potencialmente contaminantes del suelo están obligados a remitir al órgano competente de la comunidad autónoma correspondiente un **informe preliminar de situación** para cada uno de los suelos en los que se desarrolla dicha actividad.

Adicionalmente existen otras normas de interés en nuestra indagación, en la que podemos encontrar requisitos documentales relevantes para estudiar la posible contaminación:

* Prevención y control integrados de la contaminación: Los titulares de las instalaciones a las que resulte de aplicación la Ley de prevención y control integrados de la contaminación[141] deben contar con la pertinente **autorización ambiental integrada**, cuyo contenido mínimo incluye:

  * Valores límite de emisión para las **sustancias contaminantes**, que puedan ser emitidas por la instalación.
  * Las prescripciones que garanticen, en su caso, la protección del suelo y de las aguas subterráneas.
  * Los procedimientos y métodos que se vayan a emplear para la gestión de los residuos generados por la instalación.
  * Las prescripciones que garanticen, en su caso, la minimización de la contaminación a larga distancia o transfronteriza.
  * Los sistemas y procedimientos para el tratamiento y control de todo tipo de emisiones y residuos, con especificación de la metodología de medición, su frecuencia y los procedimientos para evaluar las mediciones.
  * Las medidas relativas a las condiciones de explotación en situaciones distintas de las normales que puedan afectar al medio ambiente, como los casos de puesta en marcha,

fugas, fallos de funcionamiento, paradas temporales o el cierre definitivo.

Por supuesto, si la actividad no está dentro de la Ley IPPC tendríamos que ir, en su caso, a cada una de las autorizaciones de residuos, vertidos... que fuesen de aplicación y nos pudiesen aportar información relevante.

- Residuos peligrosos: El productor de residuos peligrosos está obligado a llevar un registro en el que conste la cantidad, naturaleza, identificación, origen, métodos y lugares de tratamiento, así como las fechas de generación y cesión de tales residuos. Debe registrar y conservar los documentos de aceptación de los residuos en las instalaciones de tratamiento o eliminación durante un tiempo no inferior a cinco años. Durante el mismo periodo debe conservar los ejemplares del documento de control y seguimiento del origen y destino de los residuos.

- Mercancías peligrosas: Las empresas que transporten mercancías peligrosas por carretera, por ferrocarril o por vía navegable o que efectúen operaciones de carga o descarga ligadas a dichos transportes, la obligación de contar con, al menos, un consejero de seguridad, encargado de contribuir a la prevención de los riesgos que, para las personas, los bienes o el medio ambiente, implican tales actividades.

   Los consejeros de seguridad están obligados a emitir un **informe anual sobre las actividades de carga, descarga o transporte de mercancías**

peligrosas efectuadas por las empresas a las que están adscritos. Estas empresas lo remitirán o presentarán, en plazo y forma, en la Comunidad Autónoma donde tenga su sede social. Dicho informe contiene, entre otros datos, información relativa a la cantidad de mercancías peligrosas cargadas y descargadas, así como la relación de **accidentes notificados**, ocurridos durante el año, ya sea durante el transporte o durante las operaciones de carga o descarga.

Así pues, de todo lo anterior podríamos elaborar una lista con la **documentación** que, en el cumplimiento de los requisitos extraídos de la legislación ambiental aplicable, cabría esperar encontrar en la empresa y **que nos daría pistas sobre los riesgos de contaminación del suelo:**

- Informe preliminar de situación (al menos uno inicial obligatorio para 2007 y, posteriormente con la periodicidad requerida por la Administración).
- Autorización Ambiental Integrada.
- Registros y documentos de control y seguimiento de residuos peligrosos.
- Informes anuales del Consejero de Seguridad de Mercancías Peligrosas.

Pero, si realmente queremos saber si un suelo está contaminado, legalmente hablando, no podemos olvidar la parte final de la definición **"y así se haya declarado mediante resolución expresa"**.

Así pues, a pesar de que alguien habrá tenido que determinar previamente la presencia de sustancias contaminantes, la mejor manera de saber (sin necesidad de pisarlo) si un suelo está contaminado (porque existe una resolución al respecto emitida por la Administración competente), es consultar el pertinente inventario de suelos declarados como contaminados o el Registro de la Propiedad, donde debería aparecer la oportuna nota marginal.

¿Qué son y para qué sirven las exenciones del ADR?

El Acuerdo Europeo sobre transporte internacional de mercancías peligrosas por carretera (ADR) establece las condiciones para el transporte internacional de mercancías peligrosas por carretera, incluyendo una serie de exenciones, que son los casos en los que el transporte puede realizarse sin aplicar los requisitos del ADR. Estas exenciones pueden ser totales o parciales.

En las **exenciones totales** las disposiciones del ADR no son aplicables y pueden estar relacionadas con:

- La **naturaleza de la operación de transporte**: por ejemplo en casos de transportes efectuados por particulares o por empresas de modo accesorio a su actividad principal, así como en los transportes realizados por autoridades competentes que intervienen en emergencias.

- **Transporte de gas**: entre otros casos para gases contenidos en los productos alimenticios, gases en los balones y pelotas destinados a uso deportivo o gases contenidos en las bombillas.

- Transporte de **carburantes líquidos**: como el contenido en los depósitos de un vehículo que efectúe una operación de transporte y que sirva para su propulsión o al funcionamiento de alguno de sus equipos.

- Con **envases o embalajes vacíos sin limpiar** de algunas clases de materias peligrosas si se han adoptado medidas apropiadas con el fin de compensar los riesgos.

- **Baterías de litio**: como las instaladas en un vehículo que realice una operación de transporte y estén destinadas a su propulsión o al manejo de alguno de sus equipos.

Por otro lado están las **exenciones parciales**, que se refieren a situaciones en las que el transporte solamente tiene que cumplir partes concretas del ADR, siempre que se cumplan unas condiciones concretas de seguridad y se trate de uno de los siguientes casos:

- **Disposiciones especiales** aplicables a una materia en concreto: por ejemplo bebidas alcohólicas transportadas en botellas de menos de cinco litros.

- Materias embaladas en **cantidades limitadas** (LQ): cuando las mercancías van en recipientes de cantidad reducida disminuyendo considerablemente los riesgos asociados a dicha mercancía. Nos permite transportar algunos litros o kilos de mercancía por bulto.

- Embaladas en **cantidades exceptuadas**: se trata de cantidades todavía menores, del orden de gramos y miligramos por bulto, como pueden ser muestras, que realmente tienen un riesgo considerablemente limitado.

- **Cantidades por unidad de transporte**: en este caso la exención se refiere a la cantidad total de mercancías peligrosas que se lleva en un determinado vehículo, asumiendo que si no se superan unas cantidades máximas (establecidas en el 1.1.3.6 del ADR) en función del riesgo, definido como categoría de transporte, pueden reducirse las exigencias manteniendo la seguridad en el transporte.

Las exenciones permiten realizar transportes que implican un riesgo menor de modo seguro sin necesidad de cumplir todos los requisitos del ADR lo que facilita, por ejemplo, el tránsito de muestras de productos en cantidades seguras sin tener que cumplir una normativa que haría poco viable la investigación con esas muestras.

Igualmente las exenciones relacionadas con el embalaje en cantidades limitadas **incentivan a los fabricantes para prevenir riesgos,** y ahorrar costes relacionados con el cumplimiento de requisitos más estrictos del ADR, en la medida en que presenten sus productos en envases que les permitan acogerse a las exenciones parciales, **favoreciendo una distribución segura de sus productos** a los comercios.

Conocer las exenciones y su aplicación es una de las labores del Consejero de Seguridad para el Transporte de Mercancías Peligrosas, que, mientras resulte económica, técnica y comercialmente viable, intentará asesorar a la empresa para que se acoja a exenciones totales o parciales.

No cumplas la legislación ambiental y verás qué bien te va

Estamos en pleno proceso de cambio en la forma de legislar: de la autorización administrativa estamos pasando a la declaración responsable. Para mal o para peor, pasamos de la supervisión de la Administración a que el promotor de una actividad asuma toda la responsabilidad sobre la misma. Es decir, no hay personal suficiente para revisar tus propuestas: pues te dejamos que las realices por tu cuenta y riesgo.

Si no pasa nada todos contentos. Pero como pase algo ya no hablamos de una multita. Responsabilidad ilimitada: sufragar el total de los costes a los que asciendan las acciones preventivas o reparadoras que permitan restaurar la situación original (lo que puede venir siendo un riñón, los dos ojos y un pulmón, según el caso).

Bajo titulares virales que siembran dudas o directamente aseguran que ya no hay que cumplir tal o cual requisito, se esconde la necesidad de seguir haciendo lo mismo o más cosas de las que había que hacer antes, pero sin obligación expresa de dar cuenta de ello a la Administración. Puede que una comunidad autónoma declare que ya no quiere saber nada sobre esa memoria anual que solía presentarse en el primer trimestre del año.

Pero si la nueva ley dice que tienes que elaborar y conservar no sé cuántos documentos en relación a la gestión que haces de tus residuos… más te vale contemplarlo en tu gestión, no sea que algún día tengas que dar cuenta de que lo has estado haciendo bien y demostrar que el fatídico accidente ha sido algo circunstancial e inevitable.

De las inspecciones no hablamos. Quizá, en la medida en que se liberen recursos en la tramitación de expedientes y recepción de informes anuales, se pueda ir configurando un cuerpo con un número suficiente de agentes como para que la labor de supervisión de la Administración se lleve a cabo de manera efectiva.

Mientras tanto, puedes seguir haciendo lo que te dé la gana (a ti o a ese consultor que has contratado por su habilidad para decirte lo que quieres escuchar en cada momento), porque es más probable que te toque el euromillones que recibir una inspección ambiental.

Mi consejo: asume la responsabilidad. Porque las leyes siguen siendo obligatorias. Y porque va a quedar muy feo si algún día tienes que cerrar, por incurrir en un supuesto de daño ambiental que no puedas costear, esa marca que has posicionado como responsable, sostenible o a saber qué otras cualidades que te hacen triunfar con ella en el mercado.

Exentos de garantía financiera, no de responsabilidad

En España estamos llevando muy mal la transposición y aplicación de la *Directiva 2004/35/CE del Parlamento Europeo y del Consejo, de 21 de abril de 2004, sobre responsabilidad medioambiental en relación con la prevención y reparación de daños medioambientales*[142].

La norma europea se incorporó al ordenamiento jurídico nacional con la aprobación de la *Ley 26/2007, de 23 de octubre, de Responsabilidad Medioambiental*[143] incorporando una novedad: establecía una **garantía financiera obligatoria** donde la Directiva recomendaba que se incentivase este mecanismo para hacer frente a la posible responsabilidad ambiental del operador.

Desde entonces, el desarrollo de este requisito legal, que tenía que regularse mediante una serie de órdenes ministeriales, se ha visto ralentizado y, posteriormente, reducido en el ámbito de aplicación de esta garantía financiera obligatoria.

Muchos se frotan las manos leyendo noticias sobre la reducción del número de empresas a las que aplica esta garantía. Como si pudiesen estar seguros de que se han ahorrado un gran coste para su actividad económica gracias al buen hacer del gobierno de turno. Pero no podemos perder de vista que, **con o sin garantía financiera, la legislación sobre responsabilidad por daños al medio ambiente está vigente y es aplicable desde el año 2007.**

Quedar exento de la garantía financiera obligatoria está muy bien. Pero **la ley no va de garantías financieras, va de responsabilidades y de prevención de daños al medio ambiente.** De eso hemos hablado, desde 2007, bastante menos que de los costes de los seguros y del impacto monetario de esta nueva norma en un contexto de crisis. **Responsabilidad ilimitada: devolver los recursos naturales dañados a su estado original, sufragando el total de los costes** a los que asciendan las correspondientes acciones preventivas o reparadoras. Eso, que en ocasiones no habrá garantía financiera que lo pague, es a lo que se enfrentan los operadores que incurran en daño ambiental.

Así las cosas, podemos seguir quejándonos o felicitándonos de la aplicabilidad de las garantías financieras. Pero no deberíamos perder de vista que, por más que el gobierno de turno pretenda ganar apoyos electorales con una aparente flexibilidad en la legislación ambiental, la normativa lleva al titular de la actividad económica a situaciones en las que, si no gestiona adecuadamente los aspectos e impactos ambientales de su negocio, deberá cubrir unos gastos superiores al beneficio que esa actividad pudiese haber generado funcionando sin una buena gestión ambiental.

Serán obligatorias o no, pero **operar una actividad de riesgo ambiental sin una garantía financiera por daños al medio ambiente es como conducir sin seguro.** Normalmente no va a pasar nada, pero el día que pase entenderás que las primas no eran más que una forma cómoda de asumir el coste de las coberturas.

Háganse un buen análisis de riesgos ambientales y, si se lo pueden permitir, asegúrense a todo riesgo.

---

[126] https://www.boe.es/buscar/doc.php?id=BOE-A-2006-13010
[127] https://www.boe.es/buscar/act.php?id=BOE-A-2011-13046
[128] http://www.boe.es/diario_boe/txt.php?id=BOE-A-1997-8875
[129] https://www.boe.es/buscar/doc.php?id=BOE-A-2003-20976
[130] http://www.boe.es/buscar/act.php?id=BOE-A-2013-12913
[131] https://www.boe.es/buscar/doc.php?id=BOE-A-2016-12601
[132] https://www.productordesostenibilidad.es/2014/12/que-es-el-prtr/
[133] https://www.boe.es/buscar/act.php?id=BOE-A-2001-14276
[134] http://www.boe.es/diario_boe/txt.php?id=BOE-A-2007-21490
[135] http://www.boe.es/buscar/doc.php?id=BOE-A-2007-19744
[136] https://www.boe.es/buscar/act.php?id=BOE-A-2007-18475
[137] http://www.boe.es/buscar/act.php?id=BOE-A-2007-8351
[138] http://www.prtr-es.es
[139] http://www.boe.es/boe/dias/2011/07/29/pdfs/BOE-A-2011-13046.pdf
[140] http://www.boe.es/boe/dias/2005/01/18/pdfs/A01833-01843.pdf
[141] https://www.boe.es/buscar/doc.php?id=BOE-A-2016-12601
[142]
http://sociedad.elpais.com/sociedad/2014/02/12/actualidad/1392238971_115990.html
[143] http://www.boe.es/buscar/doc.php?id=BOE-A-2007-18475

Información y medio ambiente

"Si no estáis prevenidos ante los medios de comunicación, os harán amar al opresor y odiar al oprimido"

Malcolm X

¿Qué es la información ambiental?

El sector ambiental está lleno de términos más o menos atractivos que se pervierten con relativa facilidad. El ejemplo de libro es utilizar el adjetivo ecológico indiscriminadamente para intentar vender más de lo que sea a un público sensibilizado con la repercusión de su modelo de consumo sobre el entorno.

Igual que el uso del adjetivo ecológico, el concepto y la definición de información ambiental también está regulado:

Información ambiental: toda información en forma escrita, visual, sonora, electrónica o en cualquier otra forma que verse sobre las siguientes cuestiones:

a) El estado de los elementos del medio ambiente, como el aire y la atmósfera, el agua, el suelo, la tierra, los paisajes y espacios naturales, incluidos los humedales y las zonas marinas y costeras, la diversidad biológica y sus componentes, incluidos los organismos modificados genéticamente; y la interacción entre estos elementos.

b) Los factores, tales como sustancias, energía, ruido, radiaciones o residuos, incluidos los residuos radiactivos, emisiones, vertidos y otras liberaciones en el medio ambiente, que afecten o puedan afectar a los elementos del medio ambiente citados en la letra a).

c) Las medidas, incluidas las medidas administrativas, como políticas, normas, planes, programas, acuerdos en materia de medio ambiente y actividades que afecten o puedan afectar a los elementos y factores citados en las letras a) y b), así como las actividades o las medidas destinadas a proteger estos elementos.

d) Los informes sobre la ejecución de la legislación medioambiental.

e) Los análisis de la relación coste-beneficio y otros análisis y supuestos de carácter económico utilizados en la toma de decisiones relativas a las medidas y actividades citadas en la letra c), y

f) El estado de la salud y seguridad de las personas, incluida, en su caso, la contaminación de la cadena alimentaria, condiciones de vida humana, bienes del patrimonio histórico, cultural y artístico y construcciones, cuando se vean o puedan verse afectados por el estado de los elementos del medio ambiente citados en la letra a) o, a través de esos elementos, por cualquiera de los extremos citados en las letras b) y c).

Creo que es necesario volver a la definición cuando, por más que se dedican subvenciones al fomento de la información ambiental en los medios de comunicación o se convocan jornadas y talleres de información ambiental para periodistas, las secciones especializadas de los medios de comunicación (beneficiarias de esas subvenciones o en las que trabajan esos periodistas) apenas atienden a las cuestiones que aparecen en la definición de información ambiental.

Y es lógico, **los medios de comunicación de masas se deben a sus clientes, que rara vez son los consumidores de la información que ofrecen.**

El modelo de negocio de los medios de comunicación de masas se basa en los ingresos por publicidad y, en el caso particular del sector ambiental, centenares de miles de euros en subvenciones de distintas instituciones destinados, salvo excepciones puntuales, a espacios en los que se **reproducen sistemáticamente y sin ningún tipo de crítica o revisión las notas de prensa de esas mismas instituciones, el ministerio del ramo y, en el mejor de los casos, el gobierno autonómico de turno.**

¿Por qué es importante recordar que existe una legislación que define qué es la información ambiental? Porque esa información ambiental es la base de la participación en los procesos de toma de decisiones y el acceso a la justicia en materia de medio ambiente.

Si los ciudadanos no sabemos del estado y evolución de nuestro medio ambiente, de las medidas y actividades que puedan afectarlos o de los procesos de participación abiertos, ¿cómo vamos a contribuir en el modelo de desarrollo sostenible? ¿Qué margen de actuación queda a las organizaciones civiles?

Que el patrocinio privado no tiene mayor interés en este ámbito está claro. Detrás de ciertas campañas verdes y azules se esconden políticas corporativas encaminadas a condicionar desarrollos legislativos para que favorezcan intereses particulares sin importar las consecuencias ambientales.

Hasta aquí ningún problema, lógico que la corporación quiera hacer valer sus criterios y lógico que el medio al que financia pregone sus argumentos. Y si no estás conforme… a la calle, que hay muchos periodistas en paro.

Para eso está la legislación que debería favorecer el acceso a cualquier ciudadano a los datos que justifican las decisiones y permitir la participación en los procesos legislativos. Y el dinero público destinado al fomento del periodismo de información ambiental.

Pero la cuestión es: **¿alguien fiscaliza a qué dedican los medios el dinero que anualmente se reparte en subvenciones?** ¿Alguien evalúa que contenidos de información ambiental se publican en esos medios subvencionados? ¿Se miden los resultados de esas publicaciones en términos de participación pública en los procesos de toma de decisiones en materia de medio ambiente? ¿Contribuye ese dinero a que los periodistas a sueldo de la subvención sean más independientes de los patrocinadores? ¿O sólo sirve para silenciar a quienes tendrían que actuar como altavoz cuando las cosas no se hacen en favor del interés general?

No estoy diciendo que el periodismo ambiental esté obligado por una ley que afecta a la labor de la

Administración pública. Digo que con el dinero de las subvenciones puede hacerse algo más que reproducir notas de prensa en un espacio destinado a soportar publicidad contextual.

O que me gustaría saber cuántos de los medios subvencionados con dinero público han recogido convocatorias de información o participación pública en estudios de impacto ambiental o en procesos de aprobación o modificación de nuevas normas de carácter ambiental. ¿Cuantos recogen los informes sobre la ejecución de la legislación medioambiental? ¿Y las memorias anuales que publican las administraciones públicas en aplicación de la ley de información ambiental?

Quizá la realidad es que al lector medio la única información de medio ambiente que interesa es la foto del político en la inauguración el próximo centro de emprendimiento verde o el inicio de la enésima campaña para fomentar la recogida selectiva.

Pero me gustaría encontrar en todas y cada una de las secciones patrocinadas con dinero público algo de información sobre la calidad del aire que respiro, las leyes que se están tramitando para mejorar esa calidad, el momento en el que puedo participar en esa tramitación expresando mi opinión al respecto, el resultado de la aplicación de las leyes una vez aprobadas o los costes en los que incurrimos para gestionar los residuos que genero en mi hogar.

Datos de reciclaje en tiempos de posverdad

El titular de que España recicla el 80% de los residuos de envases es otra de las mentiras emotivas del reciclaje. No lo digo yo:

- lo dice la Unión Europea[144];
- se evidencia en peculiares fórmulas de cálculo;
- y lo dicen los datos de comunidades autónomas como Madrid[145] o el Principado de Asturias[146].

A pesar de ello la prensa reproducirá el mensaje del anunciante, la industria del envase de usar y tirar, sin cuestionar por qué esos datos no coinciden con los oficiales. Y para muchos será verdad que los españoles reciclamos el 80%, por lo que no les pesará en la conciencia seguir consumiendo envases de usar y tirar.

Pues sepan que sólo el 2% de las botellas de plástico vuelven a ser nuevas botellas de plástico[147]. El resto quedan en vertederos, se queman en alguna de las instalaciones de gestión que operan sin licencia de gestión o, cada vez más, acaban en forma de pescado encima de nuestra mesa.

¿Qué pasa con los datos sobre residuos de envases?

Para saber cuántos envases reciclamos deberíamos saber cuántos se ponen en el mercado. Si no sabemos, por ejemplo, cuantas latas de bebidas salen a la venta, ¿cómo sabemos qué porcentaje de las mismas estamos recogiendo? ¿Cómo podemos saber cuántas se han reciclado?

El problema no es menor. Debido al escaso detalle de los datos publicados cualquier estimación asume una serie de simplificaciones que limitan las conclusiones que se podrían obtener analizando la información disponible.

<u>Datos sobre envases puestos en el mercado</u>:

A falta de un dato formal, por ejemplo en la memoria de responsabilidad social corporativa, encontramos en su página web que Coca Cola dice vender 9.000 millones de unidades al año[148]. No sabemos si el dato es sólo referido a refrescos de cola o al total de productos de la marca.

Pero algo es algo: sólo la marca **Coca Cola podría estar poniendo en el mercado 9.000 millones de envases.** Si siguiésemos buscando y sumando datos de la competencia y marcas blancas —con su 40% de cuota de mercado[149]— ¿llegaríamos a duplicar este dato? ¿18.000 millones de envases de bebidas refrescantes en el mercado español?

Tampoco facilita datos concretos relativos a los envases, pero la Asociación Nacional de Empresas de Aguas de Bebida Envasadas (ANEABE) estima el consumo de agua embotellada en 106 litros por habitante al año[150]. Es cierto que hay una amplia variedad de recipientes para este producto, pero simplificando a una media de envases de un litro y multiplicando por los 46.507.760 de españoles que estima el INE para el año de referencia, tendríamos que, **aproximadamente cada año se ponen en el mercado del orden de 4.900 millones de envases de agua.**

Por otro lado, tenemos los datos de España y Portugal de BCME, Beverage Can Makers Europe, organización que reúne a los fabricantes europeos de latas de bebidas. Para el conjunto de este ámbito territorial declaran haber puesto en el mercado 7.135 millones de latas. Estas sólo constituyen una parte del total de envases, el 41% para cerveza y el 27% para refrescos. Si extrapolamos estos datos tendríamos que, según BCME, en España se vendieron en 2014 unos 17.386 millones de envases de bebidas.

<u>Datos en estudios sobre residuos</u>:

Según el estudio de Envase y Sociedad[151], **en la Comunidad Valenciana se ponen en el mercado al año 783.922.539 envases.** Dividido entre 4.963.027 habitantes da una media de 157,95 envases por persona. Si volvemos a llevar el dato al total de la población española nos encontramos con 7.346 millones de envases.

<u>¿Qué es lo que no me cuadra?</u>

En otros sectores, como la automoción o la vivienda, existen distintas fuentes de datos que nos permiten relativizar los ofrecidos por la industria. Frente a los datos de las asociaciones de fabricantes (Anfac), concesionarios (Faconauto) y vendedores

(Ganvam), podemos contrastar la evolución del mercado de vehículos con los datos ofrecidos por la Dirección General de Tráfico. Las ventas de viviendas según las inmobiliarias pueden relativizarse con las concesiones de hipotecas, escrituraciones notariales, licencias urbanísticas… son datos que refieren a distintas realidades, pero todas ellas estrechamente relacionadas con la evolución del mercado inmobiliario.

Sin embargo, en la gestión de residuos, la fuente de datos para envases puestos en el mercado y reciclados es la misma: la industria. Y la industria presume de 17.000 millones de envases a la hora de hablar de volumen de negocio, pero sólo asume la responsabilidad de 7.000 millones cuando habla del tratamiento de los residuos de esos envases puestos en el mercado.

Aparece un desfase importante entre los que se comercializarían y los que se recogen en las declaraciones de envases a efectos de gestión de residuos. No parece que la industria del envase de usar y tirar esté dimensionando adecuadamente ni el impacto ambiental ni el coste de la gestión o las medidas para prevenir los residuos de envases. Y si la industria no asume sus obligaciones en materia de gestión de residuos de envases traslada al resto de la sociedad tanto el impacto como el coste de la recogida y tratamiento de estos residuos.

La diferencia, 10.000 millones de envases al año hasta que no tengamos datos mejores, se paga de nuestros impuestos o está abandonada en nuestros campos, playas, parques, jardines... y en el fondo del mar.

Necesitamos, cada vez más, que transparencia y trazabilidad dejen de ser palabras bonitas en documentos propagandísticos y pasen a ser herramientas al servicio de los ciudadanos y los procesos de toma de decisiones. También en lo que a la gestión de residuos se refiere.

En España, los pañales de un sólo uso no son tan ecológicos como los reutilizables

Uno asiste perplejo a la forma en que las "redes sociales" están matando el pensamiento crítico[152]. Hoy la cosa va de un estudio -financiado por una empresa de pañales[153]- que, supuestamente, dice que sus productos desechables son más ecológicos que los pañales reutilizables.

La noticia, que no es nueva, corre como la pólvora por las páginas web de las empresas de pañales desechables. Emiten notas de prensa para las agencias de noticias, con las que los usuarios crean enlaces en Facebook, Twitter o la herramienta social de moda.

Nada de malo, porque está avalado por científicos. Y, como todo el mundo sabe, lo que se demuestra con el método científico va a misa. Pero **una cosa es lo que dice el artículo original de la Agencia de Medio Ambiente del Reino Unido[154], y otra muy distinta lo que se publica en las notas de prensa y se divulga por la red.**

Es una triste pena, pero el discurso ambiental en la red está dominado por empresas que nos quieren vender un montón de cosas que no necesitamos como si consumir más fuese a salvar el planeta.

Es lo malo de las herramientas sociales de Internet. No importa el contenido o la calidad de la información. Lo importante es la cantidad y el ruido que hace. Cientos de páginas diciendo que los pañales desechables son tan ecológicos o más (según el caso) que los reutilizables, con el aval de un estudio científico, y tendremos la creencia colectiva de que es así. Entre otras cosas porque **miles de retuiteos y "me gusta" no pueden estar equivocados.** A pesar de que es mentira.

El estudio incluye **dos premisas básicas** para que el impacto, medido en emisiones de efecto invernadero a lo largo del ciclo de vida del pañal, sea superior para el uso de pañales reutilizables frente a los desechables:

* **Que los pañales reutilizables se sequen en secadora.** El estudio se hace en Reino Unido, no sé si la costumbre de utilizar secadora es extrapolable a otras latitudes.

* **Que los pañales de un sólo uso se reciclan.** Cosa que no sé si ocurrirá en el Reino Unido, pero en España me da que entre el 15% del total de los residuos que se reciclan no están incluidos los pañales[155]. Como mucho unas cuantas botellas de plástico, latas metálicas o papel y cartón, pero dudo mucho que estemos reciclando de forma masiva cosas complejas y sucias como los pañales usados.

Adicionalmente, habría que ver **qué ocurre con la distribución de costes.** De otro estudio, sobre pañales reutilizables como estrategia de prevención de residuos[156], (igual de científico que el otro) sacamos algunas ideas interesantes sobre los pañales de un sólo uso:

- Los pañales desechables constituyen, entre los residuos municipales, la fracción no reciclable más importante en peso.

- Su compleja composición, sumada a los restos orgánicos que contienen los pañales usados hace que **su reciclaje sea técnica y económicamente inviable.**

- Los pañales de un sólo uso no internalizan los costes de recogida y tratamiento que implican para la Administración pública, tampoco sus costes ambientales.

Para aclarar algunas cosas sobre qué es más ecológico, el primer estudio dice que, **frente a los 550 kilogramos equivalentes de CO_2 que producirían los pañales desechables** de un bebé durante dos años y medio, **empleando pañales reutilizables** que se lavasen en lavadoras llenas, secados al aire y reutilizados para un segundo niño **sólo se generarían 200 kilogramos equivalentes de CO_2,** es decir, **unos padres concienciados con el medio ambiente** que hagan un uso racional de la lavadora (y de los pañales) **generarán un impacto menor con pañales reutilizables que con pañales desechables.**

Eso sí, en el estudio se reconoce que las empresas fabricantes de pañales están reduciendo el impacto, medido en emisiones de gases de efecto invernadero, que causan al medio ambiente. Pero eso no es suficiente si se pudiera hacer más.

Así las cosas, ¿por qué no aplicar el principio de responsabilidad del productor al fabricante de los pañales? ¿Qué tal un sistema integrado de gestión? O, mejor todavía, uno devolución y retorno. Que quien los pone en el mercado se encargue de la correcta gestión de los residuos que generan los pañales usados. Porque el precio del pañal desechable se pondría por las nubes y todos utilizaríamos pañales reutilizables. Pero **mientras podamos usar y tirar y nos digan que es ecológico dormiremos tranquilos.**

Lo último, un consejo: no se fíen de empresas en cuyas campañas publicitarias se dice que, para amortizar el alto precio de sus productos, deben dejar a un bebé 12 horas con el mismo pañal. La caca y el pis irritan la piel. El culo y los genitales son muy sensibles. Y 12 horas son muchas horas. En pañales, como en otras muchas cosas, la calidad no es cara... hagan el estudio de mercado y me cuentan.

Ni seguros ni aptos para circular

Hemos descubierto que varios fabricantes de vehículos han estado falseando los datos para distintos parámetros contaminantes. Pero la prensa y los medios de aborregación de masas apuntillan cada información al respecto con una coletilla "la marca recuerda que los vehículos son absolutamente seguros y aptos para circular".

Supongo que la idea es repetir la mentira hasta la saciedad para que nos la creamos. Pero, señores periodistas, lo cierto es que **ni son seguros ni son aptos para circular**, dejen de hacerle el juego a los fabricantes.

Quizá los ocupantes del vehículo no corran un riesgo físico de accidente de circulación, pero son parte de los afectados por las emisiones de contaminantes relacionados con enfermedades causantes de la muerte prematura a unas 27.000 personas al año en España[157]. Y no sólo eso, emiten más gases de efecto invernadero de los permitidos, agravando uno de los principales desafíos que afronta la humanidad en este momento.

Llámeme caprichoso, pero **un vehículo que contribuye a deteriorar la salud de todas las personas -causando la muerte a varios miles-**, y participa en cambiar las condiciones atmosféricas que permiten la vida tal y como la conocemos… como que **no se me antoja muy seguro**.

En cuanto a la aptitud para circular me ocurre lo mismo. Sí, parece que el motor que falsea las emisiones es capaz de mover bien el vehículo que lo monta por las carreteras. Pero, en teoría, para circular hay que cumplir una serie de obligaciones mínimas. Entre ellas las relativas a emisiones.

Así pues, **un vehículo que supera las emisiones atmosféricas permitidas no se considera apto para circular**. Y no lo sería si no fuese porque durante las pruebas que determinaron esa aptitud se hicieron trampas.

Muy hábilmente el mantra de la empresa, que se lucra causando enfermedades respiratorias que reducen nuestra calidad y esperanza de vida, despista la atención sobre el problema: los mismos vehículos que no podrían, ni deberían, estar circulando porque no cumplen los parámetros de homologación están en la calle aumentando el efecto invernadero y los contaminantes atmosféricos. ¿Quién los va a retirar de las carreteras si la tele dice que son perfectamente seguros y aptos para circular?

Pues la alerta por contaminación. La *Directiva 2008/50/CE del Parlamento Europeo y del Consejo, de 21 de mayo de 2008 , relativa a la calidad del aire ambiente y a una atmósfera más limpia en Europa*[158] estableció **valores límite y umbrales de alerta para la protección de la salud humana para una serie de contaminantes atmosféricos.**

Igualmente, la norma obliga a los países miembro a contar con **planes de acción a corto plazo** con medidas eficaces para controlar y suspender actividades que contribuyan a aumentar el riesgo de superación de los valores, entre otras el tráfico de vehículos de motor, obras de construcción, instalaciones industriales o el uso de productos y la calefacción doméstica. En el marco de esos planes, también podrían preverse acciones específicas destinadas a proteger a los sectores vulnerables de la población, incluidos los niños.

Los gestores de una ciudad como Madrid, permanentemente en el punto de mira por superaciones de los valores establecidos en la directiva de 2008, en vez de gestionar las actividades contaminantes han buscado trucos como cambiar la ubicación de las estaciones de control y medición de la contaminación[159], o conseguir prórrogas para el cumplimiento de la normativa[160]. A pesar de ello, año tras año las concentraciones de contaminantes peligrosos para la salud se repite.

La situación es insostenible. Y mientras los periódicos y los periodistas se frotan las manos, ante la previsible lluvia de millones de euros que van a gastar las empresas automovilísticas para lavar su imagen -son muchas las que están falseando sus datos sobre emisiones atmosféricas-, los ciudadanos seguimos sin que nadie se tome en serio nuestra salud, teniendo que leer y escuchar que los coches que contaminan el aire que respiramos y alteran el clima de nuestro planeta son seguros y aptos para circular.

¿Algún periodista se va a tomar en serio su trabajo y va a investigar la cuestión a fondo? ¿Algún medio va a publicar un estudio sobre cuánto dinero nos han estafado las empresas automovilísticas entre subvenciones, mentiras, daños a la salud, gasto sanitario e impacto ambiental? ¿Algún cargo político responsable de lo que está pasando va a hacer algo?

No, rotundamente no. El periodista vive de lo que le paga el medio, cuyo modelo de negocio es la publicidad. Y el cliente siempre tiene razón: los coches son seguros y aptos para circular. ¿Se imaginan qué pasaría con el medio de comunicación que publicase un estudio independiente al respecto?

Primero que dejaría de ingresar por la publicidad de las empresas afectadas. Pero la multinacional vetaría información sobre sus actividades, con lo que el medio del grupo editorial especializado en automóviles se quedaría cojo. ¿Se imaginan una revista o un programa de televisión de motor que no tiene acceso a reportajes sobre modelos de Audi, Seat, Porche, etc., porque otro medio del grupo editorial ha metido el dedo en la herida de Volkswagen?

El problema, por supuesto, no queda aquí. Si los grandes, los que van de la mano de las asociaciones ecologistas, los que tienen políticas de responsabilidad corporativa están haciendo esto, ¿qué ocurre en otras empresas? ¿Qué pasa con los que compiten en precio sin respetar las reglas?

¿Quién los vigila? Si los periodistas y los medios de comunicación no airean los trapos sucios cabe pensar que nos quedan los poderes públicos. Los funcionarios de inspección o los que garantizan los procesos de homologación. Profesionales de lo público, pagados con el dinero de todos, cuya labor es velar por el interés general. Que emiten informes independientes sobre lo que está pasando. **Informes que van a parar al cajón de quien tiene que tomar las decisiones: cargos políticos con sus puertas giratorias.** Esas que les llevan de un despacho a otro a cambio de mirar para otro lado cuando llega el momento.

No metas mano a mi empresa y te reservo un buen sillón con abultada nómina. Cámbiame esta ley para que pueda forrarme y pagar tu jubilación. Gestiona bien el terror que tengo unas armas sin vender. Subvenciona mis coches que te dejo a 5.000 personas con sus votos, los de sus familiares y sus amigos en la calle. Y ya que estás, privatiza unas ITVs para que podamos llevarnos el 3% calentito a algún paraíso fiscal.

En la próxima cumbre internacional los políticos de los países se estrecharán las manos en un acuerdo más o menos decepcionante para la magnitud del reto que suponen las emisiones de efecto invernadero. Habrá cambios en la legislación sobre atmósfera, producción de energía y control industrial. Nos pedirán a los ciudadanos que nos apretemos el cinturón. ¿Pero se lo están tomando en serio?

No. Por supuesto que no. Seguiremos quemando las reservas de petróleo para transportarnos de un lado para otro. Petróleo que necesitamos para fabricar materiales imprescindibles que no sabemos hacer de otra cosa que no sea plástico procedente del recurso fósil. Y seguiremos aumentando las emisiones de efecto invernadero. En vez de **tomar medidas definitivas para el abandono del motor de combustión en la industria de la automoción** seguiremos subvencionando su fabricación.

En vez de **organizar el trabajo y evitar movimientos pendulares masivos** seguiremos precarizando el mercado laboral, dificultando el acceso a la vivienda y forzando a la gente a desplazarse 120 kilómetros al día, con el consiguiente gasto de combustible y pérdida de tiempo.

En vez de **humanizar las ciudades, peatonalizar las calles y favorecer medios de desplazamiento menos contaminantes,** como la bicicleta, seguiremos segmentando a la población y enfrentando colectivos. Imponiendo normas que no satisfacen las necesidades de ninguno y crean conflictos que hacen de la vía pública un lugar hostil para cualquier ciudadano.

En vez de **afrontar la contaminación atmosférica como un problema de salud pública** lo utilizaremos como estrategia para hacer campaña electoral y atacar a nuestros rivales políticos, con independencia de si el problema lo ha causado la ineficiente gestión de nuestro partido en el pasado.

En vez de formar **ciudadanos responsables** con capacidad crítica seguiremos aborregando masas, a ser posible que no sean capaces de entender lo que leen en ningún idioma, para que se crean que necesitan comprar y conducir los coches que les están matando.

Y la fiesta la pagamos entre todos.

¿Es Madrid más sostenible que Vitoria?

Resulta muy curioso leer un estudio en el que Madrid figura como la ciudad más sostenible de España, por encima de Vitoria-Gasteiz[161]. Quizá el truco sea inventarse una metodología que permita conseguir un resultado interesado, pero increíble.

Para entender el resultado del estudio hay que empezar por el principio, así que vamos a ello:

- El origen de los datos: ¿cómo se pueden utilizar datos procedentes de distintas fuentes para establecer comparaciones sobre un mismo aspecto?

  ¿Se imaginan comparar la profesionalidad de un grupo de personas utilizando para ello la opinión de la abuela de uno, la de la madre de otro, la de los compañeros de trabajo en caso del cuarto y, para el resto, la de sus antiguos jefes? Pues eso, mezclando peras con manzanas y naranjas… macedonia. De todos es sabido que las metodologías para validación y enjuague de datos ambientales cambian mucho de unas fuentes de información a otras. Así pues, o se coge el dato para todos los elementos a comparar del mismo origen, o se abstiene uno de utilizar ese parámetro como criterio de comparación.

- Datos ¿públicos? El estudio dice que se emplean datos públicos, pero no deja de hacer referencia que, en algunos casos, se han actualizado por los interesados. ¿En qué quedamos? O se utilizan datos públicos y publicados, disponibles para la consulta de cualquiera que quiera contrastar la información del estudio o no. El término medio es favorecer, en la comparación, a quien tenga menos escrúpulos o un interés especial en salir bien en la foto.

- Metodología: estaría bien poder valorarla, porque el estudio no da mucha información al respecto. Apenas una tabla con una descripción de indicadores que no se definen y sobre los que no sabemos cómo se han calculado. Supongo que es una cuestión de celo profesional: una metodología de análisis que podría ayudarnos a justificar que Roma, Lima o Pekín son ciudades sostenibles debe guardarse bajo llave. Cuando el resultado no es coherente toca revisar la metodología y repetir el estudio. ¿Qué fue de la huella ecológica para divulgar sobre la sostenibilidad? ¿Ya no mola?

- Las definiciones, no sólo de los indicadores ¿qué entienden los autores del estudio por sostenibilidad? Porque no me parece que estemos profundizando mucho en variables relacionadas con la componente social del desarrollo sostenible, conservación del entorno natural, impacto en el entorno…

- Ponderación de indicadores: de lo poco que sabemos sobre el índice de sostenibilidad presentado en el estudio de marras es que ponderan indicadores sin justificar el criterio elegido para dar peso a cada uno de ellos. Es más, se habla de una "normalización". ¿Todos los indicadores tienen el mismo peso en la sostenibilidad de una ciudad? Para los autores del estudio no parece tener relevancia, por ejemplo, si el aspecto evaluado está o no dentro de la capacidad de actuación de la Administración local.

- ¿Políticas? ¿Qué políticas? No se nos detalla el contenido o el cumplimiento de las políticas que, supuestamente, se evalúan en el estudio. ¿El abusivo precio del transporte público en Madrid es algo a considerar positivamente? ¿Pesa más la ocupación del espacio del peatón por las aceras bici que las afecciones a la salud y a la vegetación de las emisiones de los motores de combustión?

- La verificación: el sello de una empresa de renombre pesa mucho. Especialmente cuando verifica el cumplimiento de un estándar. En cualquier caso, no estaría de más recordar que aquí no se verifica el resultado del estudio o su valor ambiental, tan sólo que se aplica una metodología que sirve para elaborar un informe. Con independencia del contenido de ese informe. En cualquier caso me encantaría ver el informe con los hallazgos y áreas de mejora.

- Los subíndices. No es CO2, es CO_2 En una publicación que pretende ser divulgativa, un poco de rigor, al menos, con las fórmulas de los gases no está de más.

En definitiva: una empresa privada nos regala un caso de libro para ejemplificar malas prácticas en lo que se refiere a la elaboración de indicadores ambientales e información sobre medio ambiente urbano. Este estudio es un claro ejemplo de que el soporte para las campañas de publicidad verde tiene que ser medianamente sólido. Por muy buena que sea la publicidad viral, detrás tiene que haber algo que merezca la pena.

Efectivamente, Vitoria es más sostenible que Madrid, por mucho que queramos hacerle la rosca a la alcaldesa de turno en el año en que Vitoria consiguió el premio de la Capital Verde Europea[162].

¿Qué es FAIR data?

Los datos nos rodean, vivimos inmersos en datos: big data, open data... la capacidad de generar, almacenar y procesar datos crece sin parar de mano de la generalización del uso de aplicaciones tecnológicas que hacen posible la captura de esos datos y su análisis.

La información es poder. Cada vez más. Nuestros teléfonos móviles le cuentan a los proveedores de servicios de telefonía, desarrolladores de aplicaciones, anunciantes… mucha información sobre nuestros hábitos diarios. Información que queda en servidores privados a los que no tenemos acceso y a los que -si fuésemos conscientes de lo que se puede hacer con esos datos- tampoco nos gustaría que otros tuviesen acceso.

Con las necesarias precauciones relativas a la privacidad e intimidad de las personas y otros asuntos sensibles, el acceso a datos es interesante en distintos ámbitos:

- Equipos de investigación que podrían emplearlos en distintas líneas de trabajo, generando innovaciones a partir de la información disponible.

- Puede favorecer el desarrollo de modelos de negocio basados en la utilización de esos datos para conseguir nuevos productos y servicios.

- A nivel individual permitiría la participación informada en los procesos de toma de decisiones.

En este contexto, diversas partes interesadas (la propia comunidad académica, la industria, las agencias financiadoras y los editores académicos) se han unido para diseñar y apoyar un conjunto de principios: los Principios Rectores FAIR para la gestión y administración de datos científicos[163], como una respuesta a la necesidad de mejorar la infraestructura que apoya la reutilización de datos académicos.

Un paso interesante para la investigación científica, favoreciendo que los datos se puedan compartir, comunicar con claridad y aplicar fácilmente. Su extensión a otros ámbitos permitirá que distintos agentes puedan utilizarlos, explorando la potencialidad de los datos para maximizar los beneficios que se pueden obtener del estudio y aplicación de los mismos.

Pero, ¿qué es FAIR data? El acrónimo agrupa los cuatro principios que le dan significado, referidos a cualidades precisas y medibles que debería cumplir toda publicación formal de datos:

- Findable: se pueden encontrar, para lo que se acompañan de metadatos que identifican, describen y permiten localizar los datos.

- Accessible: son accesibles, porque pueden recuperarse mediante protocolos estandarizados de comunicación y los metadatos persisten aun cuando los datos dejen de estar disponibles.

- Interoperable: son interoperables, esto es, se presentan de forma que resultan aplicables e incluyen referencias a otros datos

- Reusable: se pueden reutilizar, porque queda clara la procedencia de los datos y las condiciones de su reutilización.

El interés de la aplicación de estos principios se refleja en su incorporación en el Programa Horizonte 2020 de Investigación e Innovación de la Unión Europea[164]. Con el lema "tan abierto como sea posible, tan cerrado como sea necesario", se busca equilibrar la apertura de los datos con la protección de la información científica, los derechos de comercialización y propiedad intelectual, la privacidad, la seguridad y cuestiones relativas a la conservación y gestión de los datos.

El reto será trasladar estos principios desde el ámbito académico al resto de áreas de trabajo con datos, de modo que podamos disponer de información mejor y mayor capacidad para contrastar las noticias basadas en datos.

---

[144] http://www.europarl.europa.eu/news/es/news-room/20170306STO65256/m%C3%A1s-reciclaje-para-avanzar-hacia-una-econom%C3%ADa-circular

[145] https://www.productordesostenibilidad.es/2017/03/cuantos-residuos-de-envases-se-reciclan-en-madrid/

[146] https://www.productordesostenibilidad.es/2017/02/en-asturias-tampoco-cuadran-los-datos-de-gestion-de-residuos/

[147] https://www.productordesostenibilidad.es/2017/02/economia-circular-de-los-envases-de-plastico/

[148] http://preguntasyrespuestas.cocacolaespana.es/coca-cola-espana-ventas

[149] http://www.iriworldwide.com/en-NZ/insights/Publications/Private-Label-in-Western-Economies

[150] http://www.aneabe.com/el_agua_mineral/cifras-del-sector/

[151] http://www.envaseysociedad.org/wp/wp-content/uploads/2013/03/Estudio-sobre-la-gesti%C3%B3n-de-envases-dom%C3%A9sticos-en-la-Comunidad-Valenciana-2016-3.pdf

[152] http://www.soydelbierzo.com/2012/08/30/de-como-twitter-esta-matando-el-pensamiento-critico-a-k-a-mercadona-y-el-iva/

[153] http://www.europapress.es/sociedad/consumo-00648/noticia-panales-reutilizables-tienen-igual-impacto-desechables-20120831164751.html

[154] http://publications.environment-agency.gov.uk/dispay.php?name=SCHO0808BOIR-E-E

[155] http://www.consumer.es/web/es/medio_ambiente/urbano/2011/03/27/199479.php

[156] http://www.femp.es/Portal/Front/Atencion_al_asociado/BuenasPracticasDetalle/_Q416TFyB0rLgu8Ibp07KmmqMZvJb0uzZERdvkjgNG_9aVaGiQ2n_Sa8e8MITSky ACfv8f1f6tcddg9fR1KqBiwGbOYVZuq3IJycpdgF_Eyb1Sg1r53o7trqhfkr3G2tBrPQr--BDybM

[157] http://www.rtve.es/noticias/20150623/95-espanoles-respira-aire-insalubre-segun-ecologistas-accion/1166365.shtml

[158] http://eur-lex.europa.eu/legal-content/ES/TXT/?qid=1447786833170&uri=CELEX:32008L0050

[159] http://www.elmundo.es/elmundo/2011/02/04/ciencia/1296820221.html

[160] http://www.ecologistasenaccion.es/article25890.html

[161] http://www.ciudadesdelfuturo.es/las-25-ciudades-espanolas-mas-sostenibles.php

[162] http://ec.europa.eu/environment/europeangreencapital/winning-cities/2012-vitoria-gasteiz/index.html

[163] http://www.nature.com/articles/sdata201618

[164] http://www.dcc.ac.uk/news/new-h2020-dmp-guidelines

Señales para la esperanza

"Hay un libro abierto siempre para todos los ojos: la naturaleza"

Jean Jacques Rousseau

Recogida de tapones: solidaridad, reciclaje de plástico y economía

"Pero, esto de los tapones, ¿sirve para algo?"

La respuesta corta es sí. La larga requiere un discurso más elaborado sobre lo que aportan las campañas de recogida de tapones en centros escolares.

Para analizarlo mejor lo desgloso en las tres componentes del desarrollo sostenible:

<u>Desde el punto de vista ambiental</u>, las campañas de recogida separada de materiales enseñan a los alumnos cómo debe realizarse la presentación de residuos domésticos. La legislación europea vigente, cuya aplicación en España va más que retrasada, determina que deben existir flujos de residuos en función de los materiales que los componen.

El modelo patrio de bolsa amarilla y bolsa de restos está caduco y no consigue grandes resultados, a pesar de los intentos de maquillar las estadísticas de reciclaje. **Para poder hacer algo con los residuos, estos deben separarse por materiales:** si diferenciamos papel, vidrio, materia orgánica, plástico, metal… podemos recuperar el valor de cada uno de ellos en un proceso optimizado.

Si los juntamos todos en "envases" y "resto", contaminamos la materia orgánica, deterioramos la calidad de los distintos materiales y dificultamos su reciclado posterior.

Los tapones son de plástico y el plástico es un material que se puede reciclar. La duda puede surgir, ¿por qué recoger sólo los tapones y no todo el envase? La respuesta es compleja y requiere analizar el siguiente elemento: el monetario.

<u>**Desde el punto de vista económico**</u>, las campañas promueven la consecución de una cierta cantidad de dinero, simbólica (que todo hay que decirlo), por la recogida de los tapones de plástico. Pero ¿quién paga? Pues la industria del reciclaje.

Cualquier material separado es apreciado por la industria. **Cuanto mayor sea la pureza del material más interesante es para el reciclaje.** La pega fundamental de los residuos del contenedor amarillo (y peor todavía en el caso de contenedor de restos), reside en que, durante la recogida y el transporte, se mezclan y compactan distintos tipos de materiales que posteriormente, en un proceso industrial, tienen que ser separados.

Aparte de la escasa eficacia del proceso (sólo el 30% de lo que entra se clasifica adecuadamente), al final tenemos plásticos, aluminio, metales férricos… mezclados con restos de materia orgánica, con otros materiales no deseables… y las calidades de los materiales recuperados son poco interesantes.

Cuando recogemos los tapones de forma separada al resto de residuos conseguimos entregar al reciclador una materia prima que es plástico y únicamente plástico. Con otra ventaja: **casi todos los tapones son del mismo tipo de plástico.** Si nos fijamos en los envases, muchos tienen un triángulo con un número o unas letras dentro. Esto indica el tipo de material de que se trata. En todos los tapones nos encontramos lo mismo: polietileno de alta densidad (2 - HDPE). Sin embargo, el resto de la botella suele estar hecha de distintos materiales.

En la industria, una mezcla homogénea del mismo plástico se recicla para conseguir de nuevo el mismo plástico. Si tenemos distintos tipos de plástico la calidad del material reciclado disminuye y no se puede emplear en los mismos usos que el original.

Así pues, la salida para una mezcla de plásticos variados no se puede obtener como resultado tapones nuevos. La mezcla podría servir para conformar paracoches de automoción, de esos que cuando de rajan por un golpe hay que cambiarlos enteros, ya que no hay forma de soldarlos debido a la presencia de polímeros diferentes.

Por otro lado, el proceso industrial de clasificación de envases empieza en una cinta transportadora en la que operarios separan, manualmente, los residuos de mayor tamaño. Coger un tapón suelto, o desenroscarlo de la botella es algo impensable a la velocidad que pasan los residuos por la cinta (más de un kilo por habitante cada día), por lo que mejor si ya no están cuanto nuestra basura llega a la planta de clasificación de envases.

Así, un reciclador especializado en el plástico, no ve tapones o botellas, ve la materia prima de su negocio y puede estar dispuesto a pagar unos 300 euros por cada tonelada de tapones. ¡Una tonelada! Eso son muchos tapones… y aquí entra la tercera y más importante de las variables.

<u>Desde el punto de vista social</u>, tenemos dos aspectos clave, en primer lugar la llamada de atención sobre las enfermedades raras. El beneficio de las campañas de recogida de tapones está destinado a personas que sufren dolencias cuya investigación y tratamiento no están adecuadamente cubiertos en el sistema sanitario.

En segundo lugar, **las campañas de recogida de tapones nos enseñan la importancia de los pequeños gestos y la acción colectiva**: depositar un tapón en el contenedor amarillo implica que pueda ser reciclado con un 15% de probabilidad. En el restante 85% de los casos el vertedero, la incineración o la isla de plástico son los finales posibles para el tapón.

Llevarlo a un colegio de los que participan en la campaña implica que formará parte de la tonelada enviada directamente al reciclador, generando una aportación económica a la familia de algún niño que no puede sufragar los costes del tratamiento de su enfermedad. Estas campañas (las hemos visto con anillas de latas de refresco, en las que se repite el esquema pero con el aluminio) sólo tienen sentido si existe la participación colectiva.

Un individuo, por sí mismo, difícilmente podría rentabilizar la actividad de almacenar tapones. El incentivo a participar es, por tanto, altruista y se basa en maximizar las externalidades positivas de la acción de reciclaje. Somos un animal social, vivimos en sociedad y sólo con el acuerdo y colaboración entre iguales conseguiremos construir un modelo de desarrollo sostenible.

Llegados a este punto, cabe decir que, en la medida de lo posible, **lo recomendable es evitar los envases de un solo uso.** Es lo más sostenible y el **ahorro** (en limpieza urbana, recogida, transporte y procesado de residuos…) que generaría permitiría, en una sociedad concienciada y capaz de reclamar a sus representantes que prioricen el interés de la ciudadanía frente al de la industria, destinar recursos a la investigación y tratamiento de enfermedades poco frecuentes.

Pero, dado que gran parte de las cosas que consumimos vienen encerradas con un tapón de plástico y no es fácil encontrar alternativas accesibles para todos, el fin más sostenible para nuestros tapones es colaborar con esos colegios que **ilustran a la siguiente generación formas originales de resolver problemas concretos maximizando el beneficio social, ambiental y económico.**

Tener hijos no es tan malo para el planeta

Hay distintos movimientos, entre otros el ecologismo más radical, que están promoviendo la moda de no tener hijos por el impacto ambiental que supone[165]. Efectivamente, el desafío de la sostenibilidad es satisfacer las necesidades de una población creciente. Por ello, la decisión de no contribuir a que siga aumentando el número de habitantes del planeta podría ser una de las opciones más sostenibles a considerar en nuestra vida.

Pero ¿realmente es tan ecológico no tener hijos? La irónica reflexión de Jenny Price[166] es un punto de partida interesante a la hora de plantearse seriamente esta cuestión. He pasado un buen rato leyendo el artículo y no he podido resistir la tentación de hacer una adaptación libre.

Estos serían algunos de los motivos que harían tu vida más sostenible si te decidieras a tener hijos:

- **Disminución de los viajes en avión**: normalmente los padres con hijos pequeños reducen significativamente sus viajes, especialmente si implican desplazamientos en avión, uno de los medios de mayor impacto en lo que a consumo de combustibles fósiles y emisión de gases de efecto invernadero se refiere[167].

- Apóstoles del reciclaje: cuando enseñamos a los niños a reciclar se convierten en **fanáticos con capacidad de influir en las personas de su entorno.** Abuelos, tíos... acabarán separando adecuadamente sus residuos con tal de no aguantar los reproches del pequeño de la familia.

- Concienciación sobre bioresiduos: cambiar pañales puede ser poco sostenible, pero **familiariza con la gestión de la materia orgánica** y, quién sabe, lo mismo nos anima a practicar el **compostaje casero** de nuestra basura doméstica.

- Resiliencia: cuando el alimento escasee, a cuenta del final del petróleo barato o del apocalipsis climático, tendremos una **reserva de restos de comida distribuida** por los lugares más insospechados: galletas mordisqueadas en cajones de juguetes, caramelos a medio chupar debajo de los asientos del coche...

- Responsabilidad: las organizaciones ambientales más efectivas están dirigidas por personas que tienen padres...

- Diversidad: si los únicos que se abstienen de tener hijos son las personas ambientalmente concienciadas, corremos el **riesgo de dejar el futuro de la especie en manos de los negacionistas del cambio climático y sus descendientes** fértiles.

- Mercado: se necesitan muchos **consumidores para que la emergente industria de** productos verdes, especialmente la de plásticos libres Bisfenol y otras sustancias peligrosas para la salud, prospere.

- **Esperanza de vida:** ¿cuantas décadas se reduce la esperanza de vida de los padres preocupados, faltos de sueño, agotados por el esfuerzo de sacar su descendencia adelante... frente a la de los despreocupados y saludables ecologistas sin hijos?

- **Control de la natalidad:** dicen que mientras se está dedicado a criar, la frecuencia en las relaciones sexuales disminuye, con lo que el riesgo de nuevos embarazos cae en picado.

- Compromiso: la capacidad de los hijos de atraer toda nuestra atención, de convertirse en lo más importante de nuestra vida, hace que nos preocupemos por **conseguir un futuro mejor** y entender la definición de desarrollo sostenible:

Satisfacer las necesidades de las generaciones presentes sin comprometer las posibilidades de las del futuro para atender sus propias necesidades

Con independencia del toque cómico, ¿qué opinas? ¿Dejarías de tener hijos por la sostenibilidad? ¿Crees que podemos conseguir un modelo de desarrollo más sostenible manteniendo la natalidad?

Si vas a ser padre ponte en forma

A pesar de que yo mismo soy el problema de la superpoblación, la paternidad es una experiencia única e intransferible. Así que, si te decides a dejar descendencia en la generación siguiente, ponte en forma.

A los bebés les gusta estar en brazos: para dormir, después de comer… o simplemente porque les apetecen bracitos. Y, por supuesto, no te sientes, que mientras estás de pie puedo otear el mundo que me rodea: recuerda, soy nuevo aquí y me gusta explorarlo todo desde la seguridad de tu abrazo.

Hay que sujetarlos mientras los bañas, levantarles de la cuna, empujar el carro… Al principio son unos tres kilos pero, si todo va bien, después serán cuatro, seis… Y no todo es cuestión de fuerza bruta. La maña también es importante: cambiar pañales, poner pijamas… la psicomotricidad fina también juega su papel.

Pero no es sólo eso, la vida en ciclos de cuatro horas pasa rápido e intensamente. Un rápido sueño reparador tiene que cargarte las pilas a tope, mantener a punto los reflejos y permitirte soñar para estar bien despierto cuando la ocasión lo requiera. No hay lugar para la pereza, los lloros empiezan en tres, dos, uno…

Después viene la velocidad punta: correr detrás del niño antes de perderle de vista detrás de los arbustos, para evitar que una ola le dé un revolcón en la playa, para que no cruce la calle… para cogerle antes de que aterrice desde la bicicleta. O para enseñarle que después de cada caída toca levantarse. Con cierta edad les gustan las vueltas de campana y los paseos a caballito. O a la sillita de la reina, que nunca se peina.

Y la cosa no va sólo de entrenamiento físico. Con el tiempo llegan los ¿por qué? ¿Por qué?

Equipar hogares sostenibles

Ante un gigante que sigue vendiendo pinzas de plástico conviene mantenerse sanamente escépticos.

Pero hay que reconocer el mérito del trabajo de las personas que consiguen que grandes empresas internalicen en su modelo de negocio el reto de la sostenibilidad.

Cuando son capaces de hacer campañas que nos llaman la atención sobre los retos de la sostenibilidad, ilustran cómo impactan los hogares en el planeta y nos presentan cómo afronta su empresa el desafío del desarrollo sostenible.

No se trata de decirnos que el planeta está muy malito y que hay que reciclar mucho. Ni de sacar un famosete dando consejos ñoños y haciendo manualidades con botellas de plástico que acabarán inevitablemente en la basura.

El acierto está en ser capaces de presentar las necesidades de los hogares y el compromiso de la empresa para aportar formas más sostenibles de atender esas necesidades. **Todo dentro del objeto social y el modelo de negocio de la organización.**

Puede que algunas empresas sean famosas por varias escabechinas forestales, por amoldarse a la moralidad de los mercados donde se instalan o porque sus productos no son especialmente duraderos. Lo que importa es que respondan y afronten el reto de la sostenibilidad con iniciativas concretas por las que, estaríamos dispuestos a perdonarles que hubiesen matado al mismísimo Chu-Lín.

Me gustan las empresas que incorporan la sostenibilidad en sus procesos y, sobre todo, en su modelo de negocio. Las que, por ejemplo **pasan de vender muebles de serrín prensado a equipar hogares (algo más) sostenibles.**

¿Cómo? Influyendo en la toma de decisiones de sus clientes. El proceso de compra no siempre es todo lo racional que debería, especialmente cuando los precios de los productos no recogen su impacto ambiental o el coste a medio y largo plazo. Delante de la estantería la decisión rápida suele ser la fácil.

¿Un paquete de pilas alcalinas a dos euros o cargador y recargables veinte euros? Hoy voy con prisa, ya probaré la solución reutilizable otro día.

No sé si esto espantará al consumidor menos responsable o conseguirá mover la compra compulsiva a decisiones más eficientes, pero es digno de mención que el compromiso con la sostenibilidad de una empresa retire del catálogo productos que sus clientes pueden encontrar en establecimientos de la competencia.

Sabemos de sobra que vender más no va a salvar el planeta, pero ¿qué pasa si conseguimos que la sostenibilidad esté en el centro del modelo de negocio?

Reserva de la Biosfera, ¿eso qué es?

Que España se convierta en el segundo país del mundo con más Reservas de la Biosfera de la UNESCO[168], es una noticia que tiene muy buena pinta. A pesar de que cerremos instituciones dedicadas a la investigación de la sostenibilidad[169], parece que hay espacios de nuestro territorio destinados a experimentar con ella. Porque, básicamente, una Reserva de la Biosfera es el reconocimiento del

Programa sobre el Hombre y la Biosfera de la UNESCO (Programa MaB)[170] a espacios de alto valor natural con presencia de actividad humana, al objeto de dar visibilidad a modelos sostenibles de integración del hombre en la naturaleza. Para ello deben cumplir tres funciones:

- **Conservación**: contribuyendo a la conservación de los paisajes, los ecosistemas, las especies y la variación genética.

- **Desarrollo**: fomentando modelos de desarrollo económico y humano sostenibles desde los puntos de vista social, cultural y ecológico.

- **Apoyo logístico**: prestando apoyo a proyectos de demostración, educación y capacitación sobre el medio ambiente, e investigación y observación permanente en relación con cuestiones locales, regionales, nacionales y mundiales de conservación y desarrollo sostenible.

El reconocimiento de la UNESCO, por sí mismo, no es una figura de protección y tampoco impone restricciones específicas. Son las normas locales las que establecen las condiciones de conservación. Según el artículo 67 de la *Ley 42/2007, de 13 de diciembre, del Patrimonio Natural y de la Biodiversidad*, las Reservas de Biosfera deben respetar las directrices y normas aplicables de la UNESCO.

En este sentido, en el territorio de la reserva se integra por:

- Una o varias **zonas núcleo**: son espacios naturales protegidos (estos sí, por la legislación local correspondiente), con los objetivos de **preservar la**

diversidad biológica y los ecosistemas, que cuenten con el adecuado planeamiento de ordenación, uso y gestión.

- Una o varias **zonas de protección de las zonas núcleo**: permiten la integración de la conservación de la zona núcleo con el desarrollo sostenible en la zona de protección, a través del correspondiente planeamiento de ordenación, uso y gestión, específico o integrado en el planeamiento de las respectivas zonas núcleo.

- Una o varias **zonas de transición** entre la Reserva y el resto del espacio: permiten incentivar el **desarrollo socioeconómico** para la mejora del bienestar de la población, aprovechando los potenciales y recursos específicos de la Reserva de forma sostenible, respetando los objetivos de la misma y del Programa Persona y Biosfera.

Para el territorio reconocido como Reserva de la Biosfera deben existir **estrategias específicas de evolución hacia objetivos de conservación**, con su correspondiente **programa de actuación** y un sistema de **indicadores**, destinado a valorar el grado de cumplimiento de los objetivos del Programa MaB. Las Reservas de la Biosfera deben contar con un **órgano de gestión** responsable del desarrollo de las estrategias, líneas de acción y programas.

Los hayedos se visitan en primavera

¡Pero si todo el mundo dice que la mejor fecha es el otoño! Pues eso, que sí, que los colores con que se visten los hayedos para recibir el invierno están muy bien, pero si quieren un paisaje espectacular, no dejen de visitarme esos hayedos en primavera.

La alta demanda del sobrevalorado paseo entre el rojo otoñal del Hayedo de Montejo o de la Tejera Negra requiere de una planificación y antelación que no deja lugar a la improvisación. Así, a mediados de septiembre las reservas ya han cubierto las plazas disponibles para visitar estos espacios durante el otoño del año en curso.

Que no digo yo que no sea sobrecogedor rodearse de esos tonos rojizos, especialmente cuando contrastan con el blanco de las primeras nevadas. Pero la explosión de vida y color de un hayedo en primavera es algo que no hay que perderse. La energía fluye por todas partes: el sol iluminando las flores que reciben a los insectos polinizadores, el agua del deshielo corriendo por las laderas… el frío se retira y la sombra de esa máquina de capturar rayos de sol que es la hoja del haya invita a pasear sin prisa.

El colorido es una exaltación de la vida: una gama de verdes dibuja la diversidad de hojas de distintas especies forestales compitiendo por dejar atrás los ocres otoñales, manchas púrpuras, blancas y amarillas, salpican el paisaje delatando la presencia de brezos, jaras, retamas y otros arbustos… toda una llamada a salir del letargo invernal y disfrutar de días cada vez más largos. No es algo que se pueda describir con palabras. Se percibe en la piel, la vista, el olfato, el oído y el espíritu.

No se pueden hacer barbacoas en los montes de la Comunidad de Madrid

Quizá estamos demasiado acostumbrados a los titulares sobre incendios forestales, incluso a aquellos que implican la pérdida de vidas humanas. También son cada vez más frecuentes las señales de alarma sobre los daños irreversibles sobre el patrimonio natural que implican, en un contexto de cambio climático, los incendios forestales. En un escenario de aumento de las temperaturas y cambios en la distribución de las precipitaciones, la recuperación de los ecosistemas quemados es algo más que cercano a la utopía.

Y si bien podríamos indignarnos y poner el grito en el cielo diciendo que pagan justos por pecadores, lo cierto es que el aumento de la presión de uso de los espacios naturales para el recreo necesita una regulación adecuada que limite riesgos innecesarios. Sobre todo aquellos que tienen consecuencias intolerables.

¿Disfrutar de tiempo en contacto con la naturaleza? Sí, claro. Pero de una forma respetuosa con el entorno y el derecho a otros usuarios (presentes y futuros) del disfrute de esos mismos paisajes que utilizamos de escenario para nuestras actividades al aire libre. Un bocata y una tartera nos pueden proveer las viandas cuando vamos de excursión. ¿Hay algo más campestre que la tortilla de patata o los filetes de lomo con pimientos fritos?

El caso es que desde el verano de 2017 ya no se pueden hacer barbacoas en los montes de la Comunidad de Madrid. Así se determina en el *Decreto 59/2017, de 6 de junio, del Consejo de Gobierno, por el que se aprueba el Plan Especial de Protección Civil de Emergencia por Incendios Forestales en la Comunidad de Madrid (INFOMA)*[171].

Esta norma establece que en todos los montes o terrenos forestales (y, además, en una franja que los circunda de anchura variable en función de la clasificación del suelo) está prohibido utilizar fuego para cocinar o calentarse.

Sí se contemplan una serie de acciones o actividades relacionadas con el fuego que serían susceptibles de autorización. Así pues, el Director General competente en materia de protección ciudadana podría autorizar el uso del fuego en los siguientes supuestos especiales:

- Prácticas con fuego llevadas a cabo por el personal del Ministerio de Defensa o del Cuerpo de Bomberos de la Comunidad.

- Uso del fuego para cocinar y calentarse para los trabajadores forestales que estén realizando obras autorizadas en el monte.

- Uso del fuego para cocinar y calentarse los trabajadores de edificaciones en construcción.

- Empleo de fuego en fiestas y romerías tradicionales, eventos culturales, festejos o similares, distinto al lanzamiento de cohetes, fuegos artificiales y material pirotécnico, o lanzamiento de elementos artificiales que puedan provocar ignición (cohetes, fuegos artificiales, farolillos voladores, etc.).

Y, ¿qué pasa con las barbacoas en áreas recreativas? Pues que están en terrenos forestales. Hasta ahora, en época de peligro bajo y salvo prohibición expresa por riesgo de incendio forestal, se permitía hacer barbacoas en estas instalaciones. La nueva norma fija la prohibición el uso de barbacoas, fijas o portátiles, durante todo el año.

Quizá recordemos con morriña alguna escena familiar alrededor de una parrilla llena de chuletas de cordero sobre unas buenas brasas de palotes recogidos por el campo. O alguna batalla de juventud alrededor de una paellera. Pero saber que no lamentaremos más muertes causadas por una imprudencia caprichosa justifica con creces esta prohibición y, espero, su generalización a otros territorios afectados por la plaga de los incendios forestales y sus devastadoras consecuencias.

Para salir de la crisis hay que trabajar menos

Parece que la consigna para mejorar la situación económica es trabajar más, ampliando la jornada laboral. Hasta 60 horas semanales piden algunos. ¿Se imaginan tener a una persona encerrada 10 horas al día 6 días a la semana? ¿Cómo puede eso aumentar su productividad?

Suponiendo un tiempo desplazamiento de 45 minutos hasta el puesto de trabajo y un descanso de una hora para comer, cumplir 10 horas diarias de jornada laboral requiere una dedicación de 12 horas y media. Suponiendo que el individuo dedique a dormir, cenar y desayunar otras 8 horas, le quedan libres unas 3'5 horas, en las que tendrá que atender obligaciones personales, necesidades de aprovisionamiento y, con el tiempo que sobra, ocio y cultura, de hacer deporte o… de enfermar mejor no hablamos.

Con la jornada laboral de 10 horas podemos atender todo el horario comercial con una única persona: empieza a las 9:00 de la mañana, para a comer a las 14:00 y luego de 16:00 a 22:00. Y que aproveche las dos horas de medio día para ir al gimnasio o algo. Esto sólo le dejaría libre 2'5 horas, pero con un trabajo tan edificante como vender ropa barata fabricada en China, cobrar al consumidor en la línea de cajas del súper o servir hamburguesas… ¿quién necesita tiempo libre fuera del trabajo?

Por supuesto, para aumentar la productividad contratamos mano de obra barata, a la que no pedimos ningún tipo de formación y a la que pagamos un salario mínimo, ya que, con la crisis, hay mucha gente en paro dispuesta a coger estos trabajos tan productivos e ilusionantes.

La cuestión es que si tienes a una persona encerrada durante 10 horas al día tendrá que atender durante esas 10 horas distintas necesidades, que van desde las meramente fisiológicas a otras como relación, atención sanitaria, ocio. Si una persona sale de su casa a las 8:15 y vuelve a las 22:45, entre medias tendrá la inquietud de saber qué es de sus seres queridos, tendrá que organizar planes para el día libre o hacer la compra.

Tendrá que pagar los recibos y acudir a la consulta del médico, o, con un poco de suerte, asistir a algún tipo de actividad formativa. Así, una jornada excesivamente larga provoca, inevitablemente, absentismo laboral (aunque sea de cuerpo presente), en tanto que el trabajador no puede estar dedicado todo ese tiempo a su trabajo.

Una jornada racional permitiría al trabajador ser productivo desde que entra por la puerta hasta que sale. Si la jornada laboral fuese, por ejemplo, de 21 horas semanales, unas 5 horas y cuarto 4 días a la semana en jornada flexible, el empresario podría exigir pleno rendimiento y el trabajador estar dedicado exclusivamente a su trabajo durante esas 5 horas, atendiendo su vida personal fuera del horario laboral.

Los turnos serían más eficientes, y se aumentaría la productividad de la empresa, ya que nadie estaría dedicando los medios de producción para llamar a casa de la abuela a ver qué tal ha comido el niño. Es más, nadie se quedaría calentando la silla a la espera de que volviese el jefe contando chistes después de una comida con los clientes: la gente simplemente haría su trabajo y volvería a su vida, sin necesidad de pasar media mañana chismeando sobre la vestimenta de la secretaria de dirección o sobre el amante del chófer del Director General.

Tal vez distribuir el horario de trabajo entre más personas podría implicar una disminución salarial, pero también una reducción de costes: cada cual podría hacerse cargo de las tareas del hogar, atender a sus seres queridos (niños o ancianos) y, sobre todo, permitiría a una mayor cantidad de personas acceder al mercado laboral y disponer de un flujo monetario con el que participar en el sistema de consumo. Creo recordar que esta que vivimos era una crisis de consumo por falta de liquidez.

Igual es una visión simplista, pero si de lo que se trata es de salir de la crisis, igual es tiempo de leer propuestas más elaboradas y empezar a ponerlas en práctica. Si de lo que se trata es de expoliar los pocos derechos que quedan a la clase trabajadora, no hablemos más.

Trabajar menos para disminuir la huella ecológica

Trabajar menos no sólo es bueno para la innovación[172], salud pública (trabajo mata) y el bienestar social. El tiempo es el factor más limitado en nuestras vidas y el que más condiciona nuestro modelo de desarrollo. Por eso, trabajar menos puede disminuir la huella ecológica y frenar el calentamiento global. Se me ocurren algunos hábitos insostenibles que podrían cambiar con sólo quitarle un poco de tiempo a la actividad de ganar dinero:

Consumo:

Tal vez podríamos reducir el consumo de bolsas de plástico si, en vez de concentrar la compra en el primer domingo del mes y en una gran superficie comercial, pudiésemos disponer todos los días de un rato para comprar en las tiendas del barrio. Esto, a su vez, nos ayudaría a fomentar producciones locales y al consumo de alimentos frescos, frente a productos elaborados y polienvasados que las economías de escala exponen en los centros comerciales.

De vuelta a las bolsas de plástico, conviene recordar que su función básica es repartir la carga que va del carrito del hipermercado al maletero, del maletero al trastero, del trastero al armario empotrado del pasillo y del armario al punto de consumo en nuestro hogar. Si repartimos la compra a lo largo del mes, ni necesitamos llenar el maletero de nuestro vehículo particular, ni bolsas de plástico (nos podríamos apañar con un atillo, o una bolsa de tela). Doble beneficio ambiental: menos consumo de recursos y menos emisiones atmosféricas.

<u>Participación</u>:

Siguiendo con los beneficios de dejar el vehículo particular para ir a la compra, gracias a la concentración de la jornada laboral, tendríamos el paseo diario por el barrio, que nos permitiría un mayor conocimiento e implicación con nuestro entorno, lo que tal vez ayudase a una mayor integración social y un fomento del espíritu participativo tan necesario para el desarrollo de iniciativas de corte ambiental, como son los procesos de participación en procedimientos de información pública, actividades de Agenda 21 Local[173], o la recogida selectiva.

Si cada ciudadano contase con un rato para echar un vistazo diagonal a los Estudios de Evaluación Ambiental en información pública, podría comprobar si tiene algo que aportar o si está afectado. ¿De qué sirve colgar en internet los tochos que presentan los promotores de proyectos si nadie puede mirarlos?

En cuanto al tema de la Agenda 21 Local, está claro. Deberíamos poder distribuir nuestro tiempo de trabajo para acudir a los foros de participación ciudadana de nuestros barrios, leer y opinar sobre los documentos de diagnóstico y participar en los planes de acción. ¿Acaso hay algo más importante que ser parte activa de nuestra realidad local? ¿Qué sentido tienen los procesos de Agenda 21 si ocurren mientras los ciudadanos están encerrados en sus puestos de trabajo?

Y la recogida selectiva. Nadie tiene tiempo de llevar su aceite usado al punto limpio. La solución es clara y evidente: más tiempo para que los ciudadanos puedan utilizar adecuadamente las instalaciones de recogida de residuos.

Conocimiento:

Los teóricos plantean, y los juristas lo recogen en la normativa: no se puede conservar lo que no se conoce. Un poco de tiempo para leer, ver esos documentales que ahora dormimos, pasear por el campo, visitar espacios naturales… es necesario para conseguir una mejor concienciación ambiental y una participación efectiva de la ciudadanía. ¿Para qué nos sirve el etiquetado ecológico de productos y servicios o la agricultura ecológica si los consumidores no saben qué significa o no pueden estarse a buscarlo en las estanterías del supermercado?

Economía:

¿Te parece que todo esto es caro? ¿No sería rentable económicamente? Como ciudadanos, disponer de nuestro tiempo nos puede ayudar a reducir consumo superfluo. El gasto más importante que eliminaríamos es el que realizamos para intentar reemplazar el tiempo que no nos dedicamos porque (recursivamente) estamos dedicando tiempo a ganar dinero con el que consumir para reemplazar el tiempo que no nos dedicamos. No nos lo dedicamos los unos a los otros, ni nosotros a nosotros mismos.

No conozco a nadie que se hiciese rico trabajando. Puedo subsistir mejor trabajando menos tiempo. Sé que es una opción muy personal, pero también se me antoja bastante racional, que en el fondo es de lo que va la economía. No debemos confundir valor monetario con valor económico. El dinero de puede mover de muchas formas, la cuestión es si esos movimientos aportan algo a nuestra calidad de vida a largo plazo o sólo a la de unos pocos en el momento presente.

Ya lo dijeron a mediados del siglo pasado y no me extrañaría encontrar referencias anteriores. Bertrand Russell cometió el error de llamar "Elogio de la ociosidad" lo que debería ser el texto central del estatuto de los trabajadores. Si hubiese elegido algo del estilo "optimización del tiempo de trabajo como factor de producción" o "maximización del tiempo libre del currela medio como factor clave del consumo" otro gallo nos cantaría.

Seguiremos practicando entonación…

Los blogs ambientales también mueren

Julen escribió un emotivo post sobre la proximidad del décimo aniversario de su blog en el que reflexionaba sobre el envejecimiento y muerte de los blogs[174].

Está ahí, leal como un perro, pero también es cierto que a un perro es lógico que lo veamos morir. En vida lo quisimos casi tanto como a un humano. Pero es ley de vida que asistamos a su muerte. Duro y sin embargo lógico. **Este blog morirá.**

Que no queramos verlo no quiere decir que no ocurrirá, pero la realidad es esa. Por falta de motivación, interés, cambio de prioridades... un montón de factores desencadenan la desaparición de los blogs. Sea como fuere la red está plagada de enlaces huérfanos de aquellos post que les dieron a luz.

En ocasiones es una mudanza, el blog evoluciona y cambia de sitio y aspecto en un nuevo dominio. Pero en otras es una defunción en toda regla. Y el sector ambiental no se libra de ellas. Desde que empecé a bloguear he visto desaparecer varias bitácoras.

Algunas eran apartados personales en webs corporativas, cuya desaparición quizá suponga el paso a mejor vida profesional de sus autores. Otras de proyectos personales que han evolucionado en iniciativas de emprendimiento con nuevas y flamantes marcas. También hay proyectos emprendedores que han pasado al cajón de los recuerdos después de un par de años de aventura.

A pesar de la capacidad de la red de redes para recordar, cuando acaba el periodo de facturación del dominio sin una nueva renovación o se incumplen las políticas de actualización del hosting gratuito los blogs van cayendo, con sus reflexiones en voz alta, sus comentarios, sus contenidos multimedia... quedan sepultados bajo un error 404: no se encuentra.

En el peor, y bastante frecuente, de los casos el dominio ha sido usurpado por una red de anuncios de viagra, masajes orientales o lo que sea que quiera intentar venderse a los incautos visitantes del difunto blog. Los blogs ambientales también mueren, pero no siempre van al cielo.

---

[165] http://grist.org/article/2010-05-17-how-green-are-the-childless-by-choice/
[166] http://www.laobserved.com/intell/2011/02/gree_me_up_jj.php
[167]
http://europa.eu/legislation_summaries/environment/tackling_climate_change/128160_es.htm
[168] http://www.europapress.es/sociedad/medio-ambiente-00647/noticia-espana-segundo-pais-mundo-mas-reservas-biosfera-unesco-20130528175606.html
[169] https://www.productordesostenibilidad.es/2013/05/otro-adios-al-ose/
[170] http://www.unesco.org/new/es/natural-sciences/environment/ecological-sciences/man-and-biosphere-programme/
[171] http://www.madrid.org/rlma_web/html/web/FichaNormativa.icm?ID=3745
[172] http://eadminblog.net/2008/04/21/2008-administracion-electronica-modernizacion/
[173] http://habitat.aq.upm.es/temas/a-agenda-21.html
[174] http://blog.consultorartesano.com/2015/02/hola-me-llamo-julen-y-tengo-un-blog.html

Epílogo

Alejandro Maceira Rozados

Una de las primeras tareas que me impuse cuando en 2007 me mudé a Madrid fue visitar los embalses de Entrepeñas y Buendía. Aquella tarde del sábado 2 de junio, bajo un sol de justicia, pude ver por primera vez el Mar de Castilla (o lo que quedaba de él), recorrer la Ruta de las Caras, intuir los restos del poblado de La Isabela o pasear por el pueblo de Sacedón. Quizás hasta me crucé sin saberlo con uno de sus más ilustres habitantes, el mismísimo Santiago Molina que con los años se convertiría en gran amigo y que hoy prologa este libro.

Con el que sí me topé aquel día por primera vez fue con *Alvizlo*. Y no fue en persona sino gracias a un comentario en la herramienta digital que probablemente ha marcado con más fuerza nuestras vidas profesionales: el Blog. Me recomendaba *Alvizlo*, el seudónimo que siempre ha utilizado Alberto Vizcaíno López, una ruta alternativa con escalas en Vellisca y Alcazar del Rey que todavía tengo pendiente a pesar de ser, con seguridad, la más enriquecedora que un viajero pueda disfrutar en aquellas tierras.

Mi pequeño blog personal se convirtió tiempo después en iAgua y Alberto Vizcaíno se consolidó como el Productor de Sostenibilidad por excelencia de este país. Mientras tanto, las redes sociales y ese elemento dinamizador que ha sido el Instituto Superior de Medio Ambiente nos permitieron desvirtualizarnos e ir estrechando nuestra amistad. En los últimos años he podido compartir con Alberto interminables charlas en las que he sido testigo de su enciclopédico conocimiento del sector ambiental en general y de áreas como la gestión de residuos, el consumo sostenible, las políticas de agua y energía o la responsabilidad social de la empresa en particular.

Además de su sapiencia, cabe destacar dos cualidades que le engrandecen como profesional y como persona. Una es la humildad que le permite escuchar y absorber lo mejor del discurso de otros expertos. Y la segunda, y quizás la más importante, es su integridad. No es Alberto Vizcaíno una persona con dobleces, ni alguien que se esconda a la hora de defender sus opiniones. Lo hace con convencimiento e incluso con vehemencia. Caiga quien caiga y cueste lo que cueste. Una actitud que le hace ser admirado, pero también temido. Es, sin lugar a duda, el *enfant terrible* del sector ambiental, ese Pepito Grillo que susurra en la conciencia de políticos, empresarios, periodistas o ecologistas y que les obliga a hacer las cosas mejor, so pena de ser objeto de uno de esos posts que corren como la pólvora por las redes sociales. Una figura imprescindible a la que todos debemos agradecer su valor y su generosidad a la hora de compartir su conocimiento y concienciar a la sociedad.

Estoy convencido de que este libro, que recopila lo mejor de los 10 años de www.productordesostenibilidad.es, animará a muchos a mirarse en el espejo y preguntarse qué pequeños o grandes gestos tenemos cada día en nuestra mano para avanzar hacia ese futuro mejor que Alberto quiere legar a las generaciones venideras.

Por todo ello, gracias.

Agradecimientos

A Sara por ese tiempo que no te puedo devolver.

A Pilar por la paciencia con la que me enseñaste a leer, a sumar y a restar.

A Juan Antonio, por mantenerme siempre con los pies en el terruño.

A Ester, por enseñarme a volar.

A Eduardo, Carlos, Gloria, Sergio y toda esa promoción extendida de ambientólogos que no teníamos blogs pero aprendimos a expresarnos.

A Julen y Alberto, los primeros profesionales con blog a los que empecé a leer. Y a todo su barrio bloguero "aprendices", donde di mis primeros pasos.

A Santiago, Alejandro y José, por todas las aventuras y emprendimientos que han sido y serán.

A Roberto, Rubén, Javier, Txema, Clemente, Leila, Lucia y todos los que hicieron de *#NatuRed* algo más que un grupo de trabajo.

A Beatriz, María, Tamara, Juan, Gaspar, Pepe, Virginia, José Luis, Águeda, Restrepo y todos los compañeros con los que he compartido inquietudes que han acabado en las páginas de este libro.

A Ana por buscar a Fibonacci en mi blog.

A Javier, Isa, Cristina, Patri, Fer, Yvelisse, Navarro, Enoch, Fernando, Sergio, Carmen y Leyre en representación de quienes siguen, comentan y comparten los contenidos del blog.

Y a ti, que has llegado hasta aquí haciendo que todo esto tenga sentido.

El Autor

Alberto Vizcaíno López (alvizlo), hijo del éxodo rural, estudió Ciencias Ambientales en la Universidad de Alcalá entre 1996 y 2001.

Su trayectoria profesional se inicia ese mismo año, prestando servicios como consultor ambiental en una tarea de asesoramiento a empresas que ha continuado en distintas empresas de consultoría, despachos de abogados, y por cuenta propia como profesional independiente.

Ha impartido formación para varias entidades, desde las aulas del Máster en Gestión Ambiental en la Empresa del Instituto Superior del Medio Ambiente (ISM) hasta clases de biología y geología en Educación Secundaria Obligatoria y Bachillerato, pasando por cursos de la Agencia para el Empleo del Ayuntamiento de Madrid y certificados de profesionalidad para entidades de formación continua.

Como ponente participa en jornadas y seminarios, grupos de trabajo del Congreso Nacional del Medio Ambiente y el evento de charlas rápidas Ignite Madrid.

Ha sido reconocido con el premio a la Mejor Presentación iAgua Magazine en 2015 y Mejor Blog de Medio Ambiente 2016 en los Premios 20 Blogs.

www.ingramcontent.com/pod-product-compliance
Lightning Source LLC
LaVergne TN
LVHW051254200726

843510LV00010B/1117